# ANLAGE- UND VERBRAUCHSKOSTEN DER HEIZ- UND KOCHANLAGEN IN BAYERISCHEN SIEDLUNGEN

Von

Diplomingenieur

## Dr. ROBERT FRANZ

MÜNCHEN UND BERLIN 1933

VERLAG VON R. OLDENBOURG

DRUCK VON R. OLDENBOURG, MÜNCHEN

# Inhaltsverzeichnis.

1*

# Verzeichnis der benützten Literatur.

Dr. R. Schachner, Gesundheitstechnik im Hausbau. (Druck und Verlag Oldenbourg, München.)

W. Scholz, Wärmewirtschaft im Siedlungsbau. (Verlag A. Lüdtke, Berlin.)

Korrespondenzblatt der Heiztechnischen Zentrale für das Ofensetzergewerbe Deutschlands, Sitz München.

M. Hottinger, Heizung und Lüftung. (Verlag Oldenbourg, München.)

Chr. Eberle und Dr. W. Raiß, Untersuchungen über den Wärmeverbrauch der Wohnung. (V. D. I.-Verlag, Berlin.)

Dr. O. Knoblauch, Dr. R. Schachner, Dr. K. Hencky, Untersuchungen über die wärmewirtschaftliche Anlage, Ausgestaltung und Benutzung von Gebäuden. (Verlag J. A. Mahr, München.)

# Einleitung.

Die mittleren und niederen Einkommensschichten, aus denen sich hauptsächlich die Bewohner der Siedlungen zusammensetzen, sind heute besonders gezwungen, Sparsamkeit auf allen Gebieten walten zu lassen. Mehr wie bisher muß den Fragen der häuslichen Wärmeversorgung größte Aufmerksamkeit geschenkt werden. An der Lösung der Aufgabe „höchstmögliche Wärmeausnützung bei geringstem Aufwand für Brennstoffe und Anlagekosten" ist der einzelne Haushalt als Verbraucher, die Siedlungsgenossenschaft als bauender, Staat und Gemeinde als finanzierender Teil in gleichem Maße interessiert wie Industrie und Gewerbe. Die umstrittene Frage der sparsamsten Beheizung von Siedlungswohnungen ist in der Siedlungspolitik in den Vordergrund getreten. Diese vordringliche Aufgabe fordert, unter einem möglichst weiten und sachlichen Gesichtswinkel erörtert und untersucht zu werden. Im Brennpunkte der Untersuchungen steht zu lösen: Einzelheizung der Siedlungswohnungen oder Sammelheizung. Die in Frage kommenden Energieträger sind feste Brennstoffe, Gas und Strom. Endziel ist bei Einzelheizung die Verbrennung von festen Brennstoffen in wohnungseigenen Feuerstellen, bei Sammelheizung oder gemeinschaftlicher Wärmeversorgung einerseits die Verbrennung der Kohle und ihrer Verkokungsprodukte in Heizkesseln, andererseits der Bezug von Gas oder Strom aus den Erzeugungswerken zum Zwecke der Raumheizung bzw. Warmwasser- und Speisenbereitung. Wären die zu den verschiedenen Beheizungsarten notwendigen Energieformen gleichartig in den umgesetzten Leistungen und dem erforderlichen Kostenaufwand, so wäre die wirtschaftliche Frage gelöst und nur eine Angelegenheit der Gesundheit, des Geschmackes und der Bequemlichkeit. Da dies nicht der Fall ist, tritt in erster Linie der Kostenaufwand für die angewandten Beheizungsarten und Energien in den Vordergrund, während andere Forderungen, so vordringlich diese auch sind, zurückgestellt werden müssen. Die Anlagekosten einer Heiz- und Kochanlage drücken sich im erhöhten Mietpreis für Verzinsung und Tilgung des Anlagekapitals aus, die Verbrauchskosten für Heizen und Kochen stellen einen wesentlichen, immer wiederkehrenden Ausgabeposten in der Haushaltrechnung dar. Die Frage der häuslichen Wärmekosten sowie die durch die Anlagekosten einer Heizanlage mehr oder weniger hoch bedingten Mieten sind für den weitaus überwiegenden Teil der Siedlungsbewohner von größter Bedeutung. Bei der Wahl der

Beheizungsart sind die wirtschaftlichen Verhältnisse des Wohnungsbenützers ausschlaggebend. Auch die vollkommenste Heizanlage ist
letzten Endes unwirtschaftlich, wenn nicht auf Verhältnisse und Bedürfnisse Rücksicht genommen wird, die sich aus der Art der Wohnungsbenützung und der Höhe des Einkommens ergeben. Keinesfalls
dürfen teuer erkaufte Annehmlichkeiten maßgebend sein, sondern nur
wirtschaftliche Gesichtspunkte.

Die Beheizungsfrage im Siedlungsbau ist ein ständiger Kampf zwischen Technik und Wirtschaftlichkeit. Auf der einen Seite steht in
immer stärker werdendem Maße das Ziel, die Wärmeversorgung zu ver-
bessern, auf der anderen aber zwingen wirtschaftliche Notwendigkeiten,
die finanziellen Belastungen der Siedlungsbewohner einzuschränken und
technische Verbesserungen mit ihren erhöhten Kosten auf ein Mindestmaß herabzusetzen. Dieser Forderung trägt auch das Wohnungsbau-
programm der Reichsregierung durch einschneidende Bestimmungen
Rechnung. Aus Mitteln der Hauszinssteuer soll durch Erstellung von
Kleinwohnungen mit tragbaren Mieten die Wohnungsnot der minderbemittelten Schichten gemildert werden unter Ausnützung der bisher
erreichten Fortschritte auf wohnungskulturellem und wärmetechnischem
Gebiete, soweit diese in ein vernünftiges Verhältnis zu der Leistungs-
fähigkeit der Mieter gebracht werden können. Das Reichswirtschafts-
ministerium betont diese sozialpolitisch wichtigen Gesichtspunkte in den
Reichsgrundsätzen vom 1. Januar 1931 betr. Durchführung des Woh-
nungsbauprogrammes des Reiches. Im Erlaß an die Länderregierungen
werden für die mit Reichsmitteln bezuschußten Kleinwohnungsbauten
folgende Richtlinien festgelegt: „Die Ausstattung soll wirtschaftliche
und einfache Führung des Haushaltes erleichtern, muß aber jeden über-
flüssigen Aufwand vermeiden. Die Anlage von zentralen Gemeinschafts-
einrichtungen (Heizung, Warmwasserbereitung, Bad, Waschküche) ist
nur zulässig, wenn die Lasten der Mieter dadurch nicht höher werden....
Im übrigen sind bei der Ausstattung die ortsüblichen Einrichtungen und
Lebensgewohnheiten zu berücksichtigen." Diesem Erlaß ist die Absicht
zu entnehmen, auf jede verantwortliche Weise Einschränkungen an Bau-
kapital und Betriebskosten vorzunehmen, um damit die Mieten und
Nebenausgaben auf ein tragbares Maß zu senken.

In Verbindung mit der Frage einer sparsamen Siedlungsbeheizung
ist noch die Frage der gesunden Heizung zu erörtern, nicht nur, weil
zum größten Teil des Jahres die Räume künstlich erwärmt werden
müssen, sondern auch die Gesundheitspflege gewisse Anforderungen an
die Heiz- und Kochanlagen stellt, die im Interesse der Siedlungsbewohner
nicht außer acht gelassen werden dürfen. Von Bedeutung ist auch noch
die Überlegung, welches Heizsystem die geringste Bedienung erfordert,
und die Frage, ob Dauerheizung oder nur stundenweises Beheizen der
Wohnräume notwendig ist.

Soll nun die Wahl der Beheizungsart bei der Planung der Siedlung getroffen werden, so bleibt diese wichtige Frage ausschließlich einem kleinen Kreise überlassen; der Wohnungsbenützer selbst ist bei der Festlegung ausgeschaltet, obwohl er für die Anlagekosten der Heizung, deren Zinsentilgung und zuletzt für erhöhte Heiz- und Kochunkosten in seinem Haushalt aufzukommen hat. Vordringliche Aufgabe ist deshalb, vor breitester Öffentlichkeit ein von allen Einflüssen freies Urteil über die wirtschaftlich günstigste Beheizung von Siedlungswohnungen zu fällen. Diese Untersuchung ist Gegenstand vorliegender Arbeit mit der Fragestellung: „Welche Heizungsart gewährleistet dem Siedlungsbewohner die höchste Wirtschaftlichkeit durch niedere Anlagekosten und geringem Aufwand an festen Brennstoffen, Gas oder Strom zu Heiz- und Kochzwecken."

# I. Technischer Teil.

## A. Planung der Siedlung und Wärmewirtschaft.

Bei der Wahl der Beheizungsart für Siedlungswohnungen müssen wärmetechnische Vorbedingungen erfüllt sein, mit denen der bauausführende Architekt großen Einfluß auf die Wärmeversorgung der Siedlungsbewohner nimmt. Eine Hauptforderung ist: Große Wärmespeicherfähigkeit und geringe Wärmedurchlässigkeit der Wohnbauten. Die Frage des Wärmeschutzes, die noch bis vor kurzer Zeit in Architektenkreisen wenig beachtet wurde, muß aus sozialen und wirtschaftlichen Gründen in den Vordergrund planungstechnischer Erwägungen gestellt werden.

Das Streben nach Sonne, Licht und Luft, der Grundgedanke des neuzeitlichen Bauens, ist vollauf berechtigt, nur darf die Wärmewirtschaft darunter nicht leiden. Endziel wären Flachbauten, die aber wegen geringer Bodenausnutzung und schlechter Wärmehaltung unwirtschaftlich bezeichnet werden müssen. Vom wärmetechnischen Standpunkte aus wird im Siedlungsbau das eingebaute mehrstöckige Reihenhaus gefordert, mit lichten Höfen und breiten Straßen, um auch die hygienischen Anforderungen zu erfüllen. Die Anlage der Häuserzeilen in Nord-Südrichtung hat ihre Begründung in dem Bestreben, eine lange Besonnung der beiderseits gelegenen Aufenthaltsräume zu ermöglichen. Die Wände, von der Sonne lange bestrahlt, weisen durch rasches und gutes Austrocknen wesentlich geringere Wärmeverluste auf als bei Ost-Westrichtung der Straßenzüge, bei welcher eine ganze Straßenseite nach Norden liegt und auf Sonne völlig verzichten muß; Nordost- und Nordwestrichtung erscheinen dem Heizungsfachmann wärmewirtschaftlich noch tragbar. So vordringlich diese Richtungsgestaltung ist, noch wesentlicher erscheint bei der Grundrißlegung die Rücksichtnahme auf klimatische Verhältnisse, Geländegestaltung und Bauweise. Wohl sind bei der Wahl des Baugeländes und der Planung der Siedlung meistens noch andere Gesichtspunkte zu berücksichtigen, wie die Forderungen der Wärmewirtschaft, jedoch ist es sehr vorteilhaft, hierbei schon weitgehendst auf die Wärmeversorgung der zukünftigen Bewohner bedacht zu sein.

Von nicht zu unterschätzender Bedeutung ist kalter Windanfall nach Menge und Richtung, bei dem sich die Wärmeverluste durch das Mauerwerk bedeutend erhöhen. Undichtigkeiten der Fenster wirken sich dann für die Warmhaltung der Wohnung sehr nachteilig aus, da die in den Raum eindringenden kalten Luftmassen erwärmt werden müssen. Auch die Beschaffenheit des Mauerwerkes und die Mauerstärke als Schutz gegen Wärmestrahlung nach außen sind für die Verluste bestimmend. Die Feuchtigkeit einer Mauer übt einen besonders schädlichen Einfluß auf deren wärmehaltende und wärmeschützende Eigenschaften aus. Durch Schlagregen, Luft- und Bodenfeuchtigkeit dringt Wasser in die Mauer ein und füllt die Poren, wodurch die Wärme dreimal besser geleitet wird, als wenn trockene Luftzellen das Mauerwerk durchsetzen. Durch Auswahl geeigneter Bauplätze, geeigneter Baustoffe und auch geeigneter Bauzeiten können nutzbringende Vorbedingungen geschaffen werden, die dem Siedlungsbewohner durch Wärmeersparnis und dem Bauherrn durch geringere Instandsetzungsarbeiten zugute kommen.

Ganz besondere Beachtung verdienen die Fenster einer Wohnung nach Anzahl und Größe. Eine vordringliche Aufgabe ist, die Richtungen der neuzeitlichen Baubestrebung, gesundes Wohnen und sparsame Wärmewirtschaft, in ein diesen gerechten Forderungen entsprechendes Abhängigkeitsverhältnis zu bringen. Das Bedürfnis nach Licht und Luft muß auch den Forderungen des Wärmeschutzes gerecht werden. Nachgewiesen ist, daß durch ein Einfachfenster von 1 m² Größe 5 ½ mal soviel Wärme verloren geht, als durch eine ebenso große und 38 cm starke Ziegelmauer. Diese Verluste durch Wärmeleitung steigern sich gesetzmäßig mit der Größe der Fenster. Auch die Art der Ausführung derselben ist von ausschlaggebender Bedeutung, da durch ein Einfachfenster mindestens noch einmal soviel Wärme verloren geht als durch ein Doppelfenster. Die einmaligen Mehrausgaben bei Einbau von dichtschließenden Doppelfenstern werden in wenigen Jahren durch Brennstoffersparnis ausgeglichen sein.

Die Gestaltung des Wohnhauses muß durch Zweckmäßigkeit auf sachlichen Erwägungen aufgebaut sein. Das Streben nach gerader Liniengestaltung der Häuserfronten und möglichster Vermeidung von Erkern und Lauben entspricht der dringenden Forderung, die Abkühlungsflächen von Wohngebäuden auf ein Mindestmaß herabzudrücken. Ein Zimmer, das oben und unten, links und rechts von beheizten Räumen umgeben ist, hat naturgemäß einen wesentlich kleineren Brennstoffverbrauch als ein Zimmer mit 6 Abkühlungsflächen. Angestellte Versuche[1]) haben ergeben, daß

ein Zimmer als Eckzimmer mit 6 Abkühlungsflächen . . . . 770 kg
das gleich große Zimmer als Mittelzimmer mit 6 Abkühlungs-
    flächen . . . . . . . . . . . . . . . . . . . . . 660 „
als Mittelzimmer mit erwärmten Zimmern darunter, darüber,
    rechts oder links, also mit 3 Abkühlungsflächen . . . . 320 „

---

[1]) Untersuchungen über die wärmewirtschaftliche Anlage, Ausgestaltung und Benützung von Gebäuden von Prof. Dr. Knoblauch, Prof. Dr. R. Schachner und Prof. Dr. K. Hencky, Verlag J. Mahr, München.

Kohle jährlich verbrauchte. Diese errechneten Zahlen erhärten die Forderung: In Siedlungen aus wärmewirtschaftlichen Gründen nur das eingebaute Reihen- bzw. Reihenblockhaus. Durch möglichst planmäßige Zusammenlegung der meistbeheizten Wohnräume bei der Grundrißgestaltung können erhebliche Ersparnisse im Wärmebedarf erzielt werden. Die regelmäßig bewohnten Räume müssen in den Kern des Hauses gelegt und unter- und übereinander angeordnet werden, während Kammern, Flure, Treppenhäuser und Vorratskammern, an die Außenseite gelegt, als Luftpolster wärmeschützend wirken. Wohnungen, die einerseits an den freien Dachboden, andererseits an kalte Kellerräume angrenzen, bedürfen eines besonderen Wärmeschutzes für Decken bzw. Fußböden. Dieser Aufgabe des Architekten schließt sich die der Mieter an, als meist bewohnte Räume auch die zu benützen, die aus wärmeschützenden und wärmesparenden Gründen vorgesehen sind.

Sahen vor nicht zu langer Zeit noch viele Architekten ihre Tätigkeit im wesentlichen in der rein künstlerischen Gestaltung der Bauten, so treten aus sozialen und wirtschaftlichen Gründen heute besonders die wärmetechnischen Gesichtspunkte in den Vordergrund. Architekt und Bauherr müssen schon bei Planung, Bauausführung und Ausstattung einer Siedlung wärmewirtschaftlich günstige Vorbedingungen schaffen und ein Heizsystem wählen, das dem Siedlungsbewohner größte Anpassungsfähigkeit an Verhältnisse und Bedarf gewährleistet. Diese Wahl darf aber nicht durch die Anschaffungskosten allein entschieden werden, um eine Minderung der Bausumme zu erzielen, sondern muß nach wärmewirtschaftlichen Erwägungen getroffen werden.

## B. Die verschiedenen Beheizungsarten.

In den Kreis der vergleichenden Untersuchungen über Anlage und Verbrauchskosten der Heiz- und Kochanlagen wurden nur solche Heizarten gezogen, die in bayerischen Siedlungen vorkamen. Gasheizungen, elektrische Heizungen, Luft- und Ferngasheizungen konnten nicht vorgefunden und deshalb auch nicht berücksichtigt werden. Die angewandten Heizarten lassen sich in drei Gruppen zusammenfassen:

1. Sammelheizung:
   a) Sammelhausheizung,
   b) Sammelblockheizung.

2. Wohnungsheizung:
   a) Warmwasseretagenheizung aus Kleinkesseln,
   b) Warmwasseretagenheizung aus dem Küchenherd,
   c) Zweizimmerheizung mit einem Kachelofen.

3. Einzelzimmerheizung.

## 1. Sammelheizung.

Man unterscheidet bei Sammelheizung zwischen Sammelhausheizung, bei der sämtliche Wohnungen des Hauses von einem Heizkessel aus mit Wärme versorgt werden, und Sammelblock- oder Fernheizung, wo mehrere Wohngebäude oder ein ganzer Wohnblock von einer zentralen Stelle beheizt werden. Soweit Sammelheizungen in den untersuchten Siedlungen eingebaut wurden, war ohne Ausnahme die Warmwasser- oder Schwerkraftwarmwasserheizung ausgeführt worden. Der Heizkessel, der zur Erwärmung des Wassers (40 bis 90⁰) dient, befindet sich bei der Sammelhausheizung im Kellergeschoß. Der Umlauf des Heizwassers erfolgt durch den Gewichtsunterschied zwischen dem spezifisch leichteren Wasser im Vorlauf vom Kessel zu den Heizkörpern und dem nach Wärmeabgabe durch die Heizkörper abgekühlten und schwereren Wasser im Rücklauf zum Keller. Die im Heizkessel sich bildenden Dampfblasen begünstigen durch ihren Auftrieb die Umlaufbewegung. Bei großen Sammelblockheizanlagen würde die geringe Umtriebskraft der Schwerkraftwarmwasserheizung große Abmessungen der Rohrleitungen erfordern, weshalb der Wasserumlauf durch elektromotorisch betriebene Zentrifugalpumpen geregelt wird. Man spricht in diesem Falle auch von einer Pumpenwarmwasserheizung. Fast sämtliche Räume einer Wohnung einschließlich der Küche werden durch Heizkörper mit Wärme versorgt. In der Küche ist zur Deckung des Kochbedarfes ein mehrflammiger Gasherd mit eingebautem Gasbrat- und -backrohr aufgestellt. Die pauschalen Kosten für den 6 bis 7 monatigen Heizbetrieb werden in Raten auf das ganze Jahr verteilt und mit den monatlichen Mietzinszahlungen eingehoben.

## 2. Wohnungsheizung.

a) **Warmwasseretagenheizung aus Kleinkesseln.** Der zur Warmwasserbereitung dienende Heizkessel wird in der Küche, im Bad oder Flur aufgestellt und untersteht vollkommen der Wartung des Wohnungsinhabers. Nur in wenigen Fällen steht der Kessel im Kellerraum. Der technisch gut durchgebildete Heizkessel, in verschiedenen Größen und Systemen wie Narag — Geka — Camino — Bruderus — Lollar usw. auf dem Markte, ist im wesentlichen ein geräumiger Füllschacht und Verbrennungsraum, der von wassergefüllten und aus Hohlsäulen bestehenden Heizwänden umgeben ist. Die Hohlsäulen sind oben und unten durch Ringrohre miteinander verbunden und mit seitlichen Anschlußbohrungen für die Vor- und Rücklaufleitungen versehen. Verfeuert wird vorwiegend Koks, der sich besonders für den auf Dauerbrand eingestellten Heizbetrieb eignet. Die Verbrennung wird durch eine Luftzufuhrklappe und eine Drosselklappe geregelt. Für Kochzwecke steht nur ein Gasherd zur Verfügung, zur Erwärmung des Küchenraumes dient entweder ein Heizkörper oder, wie vielfach üblich, der in der Küche aufgestellte Heizkessel selbst.

b) Warmwasseretagenheizung aus dem Küchenherd ist eine Verbindung von Raumheizen und Kochen, um die nicht vollständig ausgenützte Heizwärme des Herdes beim Kochvorgang auch für Beheizung der Wohnräume nutzbringend verwenden zu können. Im Küchenherd ist gesondert von der Herdfeuerung ein sog. Gliederkessel eingebaut. Bei Vollbetrieb können die Heizgase sowohl zur Erwärmung des Heizwassers als auch zur Speisenbereitung durch Regelung des Heizgasweges ausgenützt werden. In den Übergangsmonaten dagegen kann die Raumheizung nach Bedarf ganz oder teilweise ausgeschaltet werden. Durch den gleichzeitigen Einbau eines Gasteiles ist die Möglichkeit gegeben, nur mit Gas zu kochen.

c) Kachelofenzweizimmerheizung. In letzter Zeit haben sich in Siedlungswohnungen Kachelofenkonstruktionen eingeführt, die dem Wohnungsinhaber gestatten, von einer einzigen Feuerstelle aus je nach Bedarf zwei Zimmer zu erwärmen. Es handelt sich hierbei um das System der zwangsläufigen Luftführung. Der Kachelofen, der im größeren zweier angrenzender Zimmer aufgestellt ist, ermöglicht noch, das meistens kleinere Zimmer mit Warmluft zu versorgen. Durch eine verschließbare Öffnung in Bodenhöhe strömt kalte Luft vom kleinen Zimmer durch die Trennwand ein, wird durch eine Blechzunge unter den Boden des Kachelofens gelenkt, steigt dann, sich immer mehr erwärmend, zwischen Mauer und Ofen und durch die Wärmeröhre hoch und geht durch die obere, ebenfalls mit verstellbaren Türen versehene Ausströmungsöffnung wieder ins kleine Zimmer zurück. Durch Schließen der Gitter kann die Beheizung nur auf das Zimmer beschränkt werden, in dem der Ofen aufgestellt ist.

### 3. Einzelzimmerheizung.

Bei Einzelzimmerheizung können die Wohnräume je nach Bedarf, Zeit und Witterungsverhältnissen durch eine eigene Feuerungsanlage mit Wärme versorgt werden. In der Küche steht zu Heiz- und Kochzwecken ein Kachel- oder Eisenherd in Verbindung mit einem eingebauten oder angehängten Gasteil. Zur Wärmebedarfsdeckung in den Zimmern werden verschiedene Arten und Größen von Eisen- und Kachelöfen verwendet.

a) Eisenöfen. Die in Siedlungen für Raumheizung eingeführten Eisenöfen sind keine hochwertigen Erzeugnisse der Eisenofenindustrie, wie Dauerbrenner irischer oder amerikanischer Bauart, sondern hauptsächlich Öfen mittlerer Beschaffenheit und Preislagen. Die gebräuchlichsten eisernen Öfen sind Schachtöfen in runder und viereckiger Ausführung, wobei irische Öfen und ihre Abarten im Siedlungswesen besonders bevorzugt werden. Die Außenwände sind aus Stahlblech oder Gußplatten, ausgestattet mit einem gerillten Schamottefutter zum Schutze gegen Durchbrennen und zur besseren Wärmehaltung. Die Rillen bezwecken ausreichende Zuführung von Luft für eine vollkommene Verbrennung der Schwelgase neben guter Abführung der Verbrennungsprodukte. Der Füllraum ist unten durch einen Rost und Aschenkasten abgeschlossen und trägt in seinem oberen Ende die Haube mit der Fülltür und das Abzugsrohr für die Abgase.

b) Der Kachelofen. Die früher vorhandene Unzahl von Kachelofenformen ist verschwunden, an ihre Stelle sind den Bedürfnissen und Verhältnissen der Kleinwohnungen ganz besonders angepaßte Typenöfen getreten. Die alten Öfen, unzweckmäßig gebaut, mit hochgemauertem Sockel, hochstrebenden Formen, ausladenden Gesimsen und tiefeinschneidenden Verzierungen sind von modernen, niederen und breiten Bauformen verdrängt worden. Durch Aufstellen des Ofens auf Füße und im Abstand von der Wand wird nun auch die Unter- und Rückseite des Ofens als Heizfläche ausgenützt, wodurch man eine Beschleunigung der Raumluftbewegung sowie rasche Fußbodenerwärmung erreicht. Große, tiefliegende Feuerräume, als Strahlungsräume ausgebaut, ermöglichen eine restlose Verbrennung der Heizgase und hohe Wärmeabgabe an Kachelschichten und Fußboden. Je nach Größe und Bauart des Kachelofens können die Verbrennungsgase noch weiter durch entsprechende Änderung der Zugführung ausgenützt werden, indem durch Umspülen von offenen Durchsichten und längere Berührung mit den Kachelwänden erhöhte Wärmeabgabe erzielt wird.

c) Der Kachelgestellofen, eine Mittelleistung zwischen Kachelgrundofen und Eisenofen, ist ein mit Kacheln ausgebautes Winkeleisenrahmengestell und eingebauter Durchsicht. Durch seine verhältnismäßig hohen Heizflächentemperaturen wird eine rasche Wärmeabgabe erzielt, während das Wärmespeichervermögen entsprechend seiner Zweckbestimmung durch leichte Bauart und geringe Masse an Kacheln und Ausfütterungsmaterial zurücktritt.

d) Elektrischer Kochherd und Warmwasserspeicher. Neben Beleuchtung kommt ein Umsetzen von elektrischer Energie in Siedlungswohnungen nur noch für Kochen und Warmwasserbereiten in Frage, da elektrische Heizanlagen in Siedlungshaushaltungen nicht angewandt worden sind. In der Küche ist neben einem Herd für feste Brennstoffe ein elektrischer Herd sowie ein elektrischer Warmwasserspeicher von 25 bis 50 l Fassungsvermögen. Gasanschluß ist in allen Wohnungen dieser Ausstattung nicht vorhanden. Die Beheizung der Zimmer wird mit Eisen- und Kachelöfen, die der Küche mit einem Kohlenherd durchgeführt. Die Errechnung der elektrischen Wärmekosten erfolgt entweder durch einen gemeinsamen Zähler für Licht-

und Heizstrom, welcher mittels einer Tag- und Nachtschaltuhr mit zweierlei Tarifen den Stromverbrauch regelt, oder mittels eines einfachen Zählers und pauschalem Tarif pro verbrauchte Kilowattstunden. In letzterem Fall sind die Mieter verpflichtet, die Warmwasserspeicher nur in den Nachtstunden einzuschalten. Der Lichtverbrauch wird je nach Anzahl der installierten Lampen nach gestaffelten monatlichen Grundgebührensätzen verrechnet.

# II. Statistischer Teil.

## A. Art der Durchführung der Untersuchung.

Der Bayerische Wärmewirtschaftsverband ist eine amtliche Beratungs- und Auskunftsstelle für Wärmewirtschaft des Hausbrandes und Kleingewerbes. Die ihm angeschlossenen Berufsorganisationen[1]) verfolgen den Zweck, Staat, öffentliche Körperschaften und Bevölkerung in allen Heizungsfragen zu beraten und ihre wärmewirtschaftlichen Interessen zu schützen und zu vertreten. Der Bayerische Wärmewirtschaftsverband hat sich zur Aufgabe gestellt, die Frage der wirtschaftlich günstigsten und sparsamsten Beheizungsart von Siedlungswohnungen einer eingehenden Untersuchung auf breitester Grundlage zu unterziehen. Die bisher auf diesem Gebiete durchgeführten Untersuchungen waren mehr oder weniger mit dem Fehler behaftet, zu sehr auf theoretischen Voraussetzungen und Folgerungen aufgebaut zu sein. Die Praxis

[1]) Zum Zeitpunkte der Durchführung der Untersuchungen waren Mitglieder des Bayerischen Wärmewirtschaftsverbandes:

Ordentliche Mitglieder: Vereinigung deutscher Eisenofenfabrikanten, Kassel; Rheinisch-Westfälisches Kohlensyndikat, Essen; Oberschlesisches Steinkohlensyndikat, Gleiwitz; Verband der Zentralheizungsindustrie, Nordbayern; Verband der Zentralheizungsindustrie, Südbayern; Bayerischer Revisionsverein, München; Mitteldeutsches Braunkohlensyndikat, Leipzig; Rheinisches Braunkohlensyndikat, Mannheim; Kohlensyndikat für das rechtsrheinische Bayern, München; Verband deutscher Herdfabrikanten, Hagen; Verband bayerischer Hafnermeister, München; Hafner-Innung, München; Vereinigung der Fabrikanten im Gas- und Wasserfach, Dessau; Verband bayerischer Kaminkehrer-Innungen, München; Kaminkehrer-Innung, München (10 Kreisgruppen); Verband bayerischer Kaminkehrergesellen, München; Bayerischer Verein von Gas- und Wasserfachmännern, München; Wirtschaftliche Vereinigung deutscher Gaswerke, Frankfurt a. M.; Bezirksstelle Süddeutschland der „Gasverbrauch G. m. b. H.", München; Münchner Grund- und Hausbesitzerverein; Bäckerinnung München.

Unterstützende Mitglieder: Ministerium des Äußern; Ministerium des Innern; Ministerium für Landwirtschaft und Arbeit; Städt. Gas- und Wasserwerke, Nürnberg; Oberbayerischer Kohlenvertrieb, München; Kohlenkonzern Weyhenmeyer, Mannheim; Bayerisches Kohlenkontor, Nürnberg; Städt. Gaswerke, München und Nürnberg; Göggelmann, Ofen- und Herdwarenfabrik, München.

kam ihrer Bedeutung entsprechend nicht viel zu Wort. Das Ziel des Bayerischen Wärmewirtschaftsverbandes war nun, den Versuch zu machen, eingehende wärmewirtschaftliche Untersuchungen in Siedlungen unter besonderer Betonung der Erfahrung anzustellen. Es gelang, viele der in den Jahren 1924 bis 1930 erstellten, mit Reichs- und Staatsmitteln bezuschußten Siedlungen Bayerns zu erfassen und statistisch zu verwerten. Aus den gewonnenen Ergebnissen läßt sich eine Reihe von Schlüssen ziehen, die zwar zum Teil auch ohne diese Erhebungen schon bekannt waren, wofür aber bisher jeglicher zahlenmäßige Nachweis fehlte.

Großer Dank gebührt allen Mitarbeitern[1]), welche durch ihre tatkräftige Unterstützung die Durchführung der Untersuchungen ermöglicht haben, insbesondere aber dem Staatsministerium für Landwirtschaft und Arbeit, Abteilung Arbeit. Durch nachfolgendes Rundschreiben dieser Behörde an die Dachverbände der verschiedenen Baugenossenschaften mit dem Ersuchen um Mitarbeit war eine wesentliche Vorarbeit geleistet worden. Wenn auch noch viele Schwierigkeiten zeitlicher, finanzieller und organisatorischer Natur zu überwinden waren, durch Unterstützung seitens staatlicher und städtischer Behörden war der Weg freigelegt, der Aussicht auf Erfolg versprach. Die Abneigung, statistische Fragebogen zu beantworten, dürfte allgemein sein; diese Tatsache wirkte sich aber in Anbetracht der schlechten wirtschaftlichen Verhältnisse zum Zeitpunkte der Erhebungen besonders hemmend aus. Mehrmals mußte das Verfahren zur Bearbeitung der Genossenschaften geändert werden. Nach anfänglichen Schwierigkeiten und Mißerfolgen wurde auf Grund gemachter Erfahrungen nachstehender kurzgefaßter Fragebogen mit entsprechendem Begleitschreiben an die Baugenossenschaften und Siedlungsgesellschaften versandt, bezogen auf die Anzahl der 2-, 3- und 4-Zimmerwohnungen in Verbindung mit der Frage der jeweils angewandten Beheizungsart. Die Fragebogen wurden von den Vorstandschaften im allgemeinen sorgfältig ausgefüllt und aufgetretene Unklarheiten durch schriftliche und mündliche Rückfragen schnell behoben. Somit war der Schlüssel zur weiteren Bearbeitung der Baugenossenschaften gefunden. In einem zweiten, nur auf die mitgeteilten und vorhandenen Verhältnisse zugeschnittenen Fragebogen wurden die Vorstandschaften nochmals um Beantwortung desselben gebeten. Die Fragen bezogen sich nur auf die jeweils in Betracht kommenden Wohnungs- und Beheizungsarten. Das Vorhandensein noch anderer Räumlichkeiten wie Bad, Kammern, Lauben usw. war im Rahmen der Untersuchung nicht wesentlich und aus Gründen der Einfachheit der Durchführung nicht zur Beantwortung gestellt worden.

---

[1]) Städt. Gaswerk München, Städt. Statistisches Amt München, Heizungs- und Maschinenamt Nürnberg, Ingenieurbüro Oskar v. Miller, G. m. b. H., München, Gemeinnützige Wohnungsfürsorge-A.-G. München.

Abschrift

Nr. 1858 d 8.                           München, 12. Mai 1930.

Staatsministerium für Landwirtschaft und Arbeit (Abt. Arbeit)

    An

1. den Verband Bayer. Baugenossenschaften, -Gesellschaften
   und -Vereine
        München,

2. den Revisionsverband der Baugenossenschaften des Bayer.
   Verkehrspersonals
        München,

3. das Bayer. Bauvereinskartell
        München,

4. den Landesverband Bayer. Be-
   amtenbaugenossenschaften
        München.

      Betreff:

Wärmewirtschaft im Wohnungsbau.

Der Bayer. Wärmewirtschaftsverband, e. V. München, Jägerstr. 19/I be-
absichtigt mit meinem Einverständnis
eine Erhebung über die Wirtschaftlichkeit der Einrichtung und des Betriebes
von Wohnungsbeheizungen bei solchen
Neubauten durchzuführen, welche in
den letzten Jahren mit Hilfe staatlicher
Baudarlehen errichtet wurden.

Ich wäre dankbar, wenn die Revi-
sionsverbände der Baugenossenschaften die sachgemäße Durchführung dieser Erhebungen unterstützen und die
angeschlossenen Bauvereinigungen ersuchen würden, die ihnen etwa zugehen-
den Fragebögen des Bayer. Wärmewirtschaftsverbandes zweckdienlich zu beantworten.

          I. A.

      gez. Dr. Löhner.

Bayer. Wärmewirtschaftsverband
München, Jägerstr. 19

Name und Ort der Siedlung
..........................
..........................

## Rundfrage

A. Wie viele Wohnungen der nachfolgenden Bauarten besitzt die Siedlungsgenossenschaft? (Baujahre 1924 bis 1930.)

    I. Küche und 2 Zimmer                    Anzahl? ....

    II. Küche und 3 Zimmer                 Anzahl? ....

    III. Küche und 4 Zimmer                Anzahl? ....

B. Welche Beheizungsarten sind in der Siedlung eingeführt?

1. Einzelzimmerheizung mit festen Brennstoffen (aus Kachel- oder Eisenöfen) — Anzahl d. Whgn.? .... Bauart d. Whgn.? ....

2. Einzelzimmerheizung mit Gas — Anzahl d. Whgn.? .... Bauart d. Whgn.? ....

3. Einzelzimmerheizung mit Strom — Anzahl d. Whgn.? .... Bauart d. Whgn.? ....

4. Mehrzimmerheizung (von einem Ofen aus können mehrere Räume beheizt werden) — Anzahl d. Whgn.? .... Bauart d. Whgn.? ....

5. Warmwasseretagenheizung (aus Kachelöfen, Eisenöfen, Küchenherden oder Gasapparaten) — Anzahl d. Whgn.? .... Bauart d. Whgn.? ....

6. Warmwasserhausheizung (mehrere Wohnungen sind an einen Zentralkessel angeschlossen) — Anzahl d. Whgn.? .... Bauart d. Whgn.? ....

7. Warmwasserblockheizung (mehrere Häuser sind an einen Zentralkessel angeschlossen) — Anzahl d. Whgn.? .... Bauart d. Whgn.? ....

Bayer. Wärmewirtschaftsverband   Name und Ort der Siedlung
München, Jägerstr. 19     ..........................

             ..........................

## Fragebogen

(Nur für Wohnungen mit den Baujahren 1924 bis 1930)

Bauart  I = Wohnungen mit Küche und 2 Zimmern
Bauart II = Wohnungen mit Küche und 3 Zimmern
Bauart III = Wohnungen mit Küche und 4 Zimmern

1. Wie viele Wohnungen von Bauart I, II oder III? ......

2. Durchschnittliche Wohnfläche je Wohnung? ......

3. Welches ist die lichte Raumhöhe? ......

4. Wie viele Wohnräume sind heizbar? ......

5. Wie viele Wohnräume werden regelmäßig beheizt? ......

6. Dient die Küche als Wohnküche? ......

7. Liegen die Wohnungen in Einzel- oder eingebauten Reihenhäusern? ......

8. Wie viele Stockwerke haben die Häuser? ......

9. Wie viele Wohnungen haben:
   Herde nur für feste Brennstoffe? ......
   Herde nur für Gas? ......
   Herde kombiniert? ......
   Herde mit Wasserschiff? ......

10. Was kostet der Küchenherd? ......

11. Wie viele Eisenöfen sind in einer Wohnung? ......

12. Wie viele Kachelöfen sind in einer Wohnung? ......

13. Kosten eines Eisenofens? ......

14. Kosten eines Kachelofens? ......

Während auf diesem Wege die technischen Angaben wie Anzahl, Größe und Bauart der Wohnungen usw. in Verbindung mit der Frage der jeweiligen Kosten für Heizanlagen, Öfen und Herde leicht geklärt werden konnten, machte die Feststellung der Kosten für feste Brennstoffe weitaus größere Schwierigkeiten. Die Gefahr, geschätzte Angaben zu erhalten, war groß. Nur der Entschluß, die Erhebungen selbst durchzuführen, gab Gewähr für ein unverzerrtes Bild. In mehrfach ausgeführten Besuchen wurden Vorstandschaften, Hausmeistereien und ausgewählte Haushaltungen über Zweck und Ziel der Erhebung aufgeklärt und für jede Beheizungsart eigene Handzettel zur Feststellung der Heizumlagen und der Ausgaben für feste Brennstoffe, Gas oder Strom zu Heiz- und Kochzwecken verteilt. In einer weiteren Frage war Gelegenheit gegeben, Wünsche und Anregungen betreff Heizung, Öfen und Herd zu geben, eine Gelegenheit, von der reichlich Gebrauch gemacht wurde und bei der umfangreiches Material gesammelt werden konnte. Beispielsweise sei ein für Wohnungen mit Einzelzimmerheizung bestimmter Handzettel wiedergegeben, welcher durch die Genossenschaftsvorstände an geeignet und zuverlässig bezeichnete Haushaltungen zur Verteilung gelangte:

Name und Ort der Baugenossenschaft

. . . . . . . . . . . . . . . . . . . . . . . . . . . . . . . . . . .

Wohnungen mit Küche und ... Zimmer

Betreff: Erhöhung der Wirtschaftlichkeit der
Beheizung von Siedlungsbauten.

Wir bitten unsere werten Genossenschaftsmitglieder, nach Möglichkeit nachstehende Fragen des Bayer. Wärmewirtschaftsverbandes beantworten zu wollen:

A. Aufwand für Heizen, Kochen und Warmwasserbereitung für die Zeit vom 1. Oktober 1930 bis 31. März 1931 = 6 Wintermonate.

Für feste Brennstoffe?         RM. ....

Für Kochgas                   RM. ....

B. Besondere Erfahrungen, Anregungen und Wünsche der Mieter betr. Zimmerbeheizung und Küchenherde:

Name und Wohnung des Mieters

. . . . . . . . . . . . . . . . . . . . . . . . . . . . .

. . . . . . . . . . . . . . . . . . . . . . . . . . . . .

Diese Art der Feststellung der jeweiligen Kosten für Heiz- und Kochzwecke hatte besonders bei Wohnungen mit Sammelheizungen noch den Vorzug, eine Nachprüfung über die Zuverlässigkeit der gemachten Angaben zu besitzen. Durch Einsichtnahme in die Akten der Genossenschaften über Heizkostenverrechnung neben gleichzeitiger Erhebung des jeweiligen Gasverbrauches der einzelnen Mieter aus den bei den Gaswerken geführten Aufzeichnungen war ohne besondere Schwierigkeiten die Möglichkeit gegeben, die mitgeteilten Angaben auf Zuverlässigkeit nachzuprüfen. Der Vergleich der nach zwei unabhängigen Richtungen geführten Erhebungen bestätigte mit geringen Abweichungen die Zuverlässigkeit der gewonnenen Zahlen.

In 8 Monaten gelang es, von rd. 13000 erfaßten Wohnungen 2686 ausgefüllte und unterzeichnete Handzettel zu erhalten, das sind rd. 20% aller in die Untersuchung einbezogener Wohnungen mit verschiedenen Heizarten und Größen. Diese Angaben sind als Stichproben unter ausgewählten, geeignet und zuverlässig bekannten Mietern zu werten. Die Durchschnittszahlen sind nach folgenden Gesichtspunkten errechnet worden:

1. Sorgfältige Auswahl von Haushaltungen zur Angabe der Heiz- und Kochkosten;
2. Mittelwertbildung der gewonnenen Stichproben innerhalb der Siedlung;
3. Mittelwertbildung der einzelnen Durchschnittsergebnisse aus den untersuchten Siedlungen insgesamt.

Auch die technischen Angaben sind nach mehrfachen mündlichen und schriftlichen Verhandlungen mit den Vorstandschaften der betreffenden Siedlungen zusammengetragen und ebenfalls nach Punkt 2 und 3 errechnet worden.

Betont muß werden, daß die durchschnittlichen Verbrauchswerte sich auf die Zeit vom 1. Oktober 1930 bis 31. März 1931 beziehen und getrennt nach Zwei-, Drei- und Vierzimmerwohnungen sowie nach verschiedenen Beheizungsarten erhoben worden sind. Gleiche Verhältnisse und Bedingungen lagen bei den Untersuchungen insofern noch vor, als ausschließlich Wohnungen in eingebauten Reihen- und Reihenblockhäusern in Frage kamen, die in den Jahren 1924 bis 1930 mit Hilfe staatlicher und städtischer Zuschüsse erstellt worden sind. Aus statistischen und technischen Gründen konnte auf klimatische Verhältnisse sowie auf die örtlich verschieden hohen Gas- und Brennstoffkosten nicht Rücksicht genommen werden. Die festgestellten Verbrauchsschwankungen lassen einen Einfluß nach diesen Gesichtspunkten nicht erkennen. Bei der Auswertung der Ergebnisse wurden auch solche Siedlungsbewohner ausgeschieden, denen Deputatkohle oder Lese- und Bauholz zur Verfügung standen.

Die vielen und oft reichlich ausgeführten Wünsche, Anregungen und auch Beschwerden über Heiz- und Kochanlagen seitens der Mieter und Genossenschaften, die teils auf schriftlichem Wege, teils durch persönliche Fühlungnahme gesammelt wurden, sind in später folgenden Abschnitten eingeflochten.

## B. Statistische Ergebnisse der Untersuchung.

Der Bayerische Wärmewirtschaftsverband hat sich insgesamt an 283 bayerische Bau- und Siedlungsgenossenschaften mit Fragebögen gewandt und um Mitarbeit und zweckdienliche Beantwortung derselben ersucht. 167 Genossenschaften konnten gewonnen und erfaßt werden, verwertet dagegen nur das Material von 116. Die von 51 Genossenschaften erhaltenen Untersuchungsergebnisse wurden statistisch nicht verarbeitet, weil es nicht mehr gelang, dieselben zur prozentualen Verteilung von sog. Handzetteln an ihre Mieter zur Feststellung der Brennstoffkosten zu veranlassen. Rund 59% der um Mitarbeit angegangenen 283 Siedlungen konnten erfaßt, aber nur 41% in die Statistik einbezogen werden. Es ergaben sich von 116 bayerischen Siedlungen mit annähernd 13000 Wohnungen die in den Tabellen 1 mit 8 zusammengestellten Zahlen, bezogen auf Anzahl der Wohnungen, Wohnungs- und Beheizungsarten, Wohnungsgrößen, Anlagekosten der Heizungen, Öfen und Herde, Höhe der Heizumlagen sowie Verbrauch an festen Brennstoffen, Gas und Strom zu Heiz- und Kochzwecken. In nachfolgendem Verzeichnis sind die statistisch erfaßten Bau- und Siedlungsgenossenschaften zusammengestellt, auf welche die Tabellen Bezug nehmen.

Nr. 1. Gemeinn. Baugenossenschaft der Kriegsbeschädigten, München,
 „ 2. Baugenossenschaft „Rupertusheim", München,
 „ 3. Straßenbahnerbaugenossenschaft, München,
 „ 4. Baugenossenschaft „Ludwigsvorstadt", München, Bergmann-block,
 „ 5. Baugenossenschaft „Familienheim", München-West,
 „ 6. Baugenossenschaft des Verkehrspersonals München-Ostbahn-hof,
 „ 7. Baugenossenschaft München-Schwabing,
 „ 8. „Frei-Land" Baugenossenschaft für Kleinwohnungen, München,
 „ 9. Militärarbeiter-Baugenossenschaft, München,
 „ 10. Baugenossenschaft des bayer. Post- und Telegraphenpersonals in München,
 „ 11. Baugenossenschaft München-West des Eisenbahnpersonals,
 „ 12. Bauverein München-Haidhausen „Mühlbauerblock",

Nr. 13. Baugenossenschaft München-Ost I Rangierbahnhof,
„ 14. Verein für Verbesserung der Wohnungsverhältnisse, München-Neuhausen,
„ 15. Verein für Verbesserung der Wohnungsverhältnisse München-Schwabing,
„ 16. Maffeische Verwaltungs- und Verwertungsgesellschaft München,
„ 17. Oldenbourgsche Erbengemeinschaft, München,
„ 18. Wohnbau-G. m. b. H. Berlin-Dahlem, München,
„ 19. Reichsbahnwerk „Freimann", München,
„ 20. Eisenbahnerbaugenossenschaft Freimann, München,
„ 21. Münchener Wohnungsfürsorge-A.-G.,
„ 22. Bauverein zur Beschaffung von Mittelstandswohnungen, München,
„ 23. Wohnungsbauverein München,
„ 24. Verein für Wohnungskultur, München,
„ 25. Bauverein München-Haidhausen „Weilerblock",
„ 26. Gemeinn. Wohnungsfürsorge-A.-G., München-Neuhausen,
„ 27. Gemeinn. Wohnungsfürsorge-A.-G., München-Ramersdorf,
„ 28. Gemeinn. Wohnungsfürsorge-A.-G., München-Walchensee-platz,
„ 29. Gemeinn. Wohnungsfürsorge-A.-G., München-Friedenheim,
„ 30. Gemein. Wohnungsfürsorge-A.-G., München-Neuharlaching,
„ 31. Wohngebäude der Versicherungskammer, München,
„ 32. Verein für Volkswohnungen, München,
„ 33. Siedlungsgenossenschaft kinderreicher Familien, Pasing,
„ 34. Baugenossenschaft Arbeiterheim, Pasing,
„ 35. Beamten-Baugenossenschaft, München,
„ 36. Baugenossenschaft Augsburg-Pfersee,
„ 37. Baugenossenschaft Augsburg des bayer. Post- und Telegraphen-personals,
„ 38. Allgemeine Baugenossenschaft für Augsburg und Umgebung,
„ 39. Gemeinn. Bauvereinigung, Gartenstadt Augsburg-Spickel,
„ 40. Beamten-Wohnungs-Verein, Augsburg,
„ 41. „Gagfah" Gemeinn. A.-G. für Angestellten-Heimstätten, Augsburg,
„ 42. Alfred Keller, Baugeschäft, Augsburg,
„ 43. Baugenossenschaft „Eigenes Heim", Augsburg,
„ 44. Verein für Volkswohnungen, Landshut,
„ 45. Baugenossenschaft des Verkehrspersonals, Landshut,
„ 46. Wohnungsbau, Landshut,
„ 47. Siedlungsgenossenschaft Ingolstadt des Reichsbundes der Kriegsbeschädigten,
„ 48. Baugenossenschaft Passau des Post- und Telegraphenperso-nals,

Nr. 49. Baugenossenschaft „Arbeiterwohl", Straubing,
„ 50. Gemeinn. Baugenossenschaft für Mittelstands- und Kleinwohnungen, Straubing,
„ 51. Gemeinn. Baugenossenschaft, Kempten,
„ 52. Baugenossenschaft für Verkehrsangehörige, Kempten,
„ 53. Baugenossenschaft des Verkehrspersonals, Rosenheim,
„ 54. Gemeinn. Baugesellschaft, Saal a. D.
„ 55. Gemeinn. Baugenossenschaft, Mindelheim,
„ 56. Hauptwerkstätte Aubing in Neuaubing,
„ 57. Baugenossenschaft Eglfing-Haar,
„ 58. Baugenossenschaft Trostberg,
„ 59. Gemeinn. Baugenossenschaft für Kriegerheimstätten, Stadt-
amhof,
„ 60. Baugenossenschaft Friedberg, Obb.,
„ 61. Baugenossenschaft „Postheim", Pasing,
„ 63. Baugenossenschaft Zerzabelshof, Nürnberg-Ost,
„ 64. Baugenossenschaft Lindenhain, Röthenbach-Nürnberg,
„ 65. Baugesellschaft Werderau,
„ 66. Baugenossenschaft „Selbsthilfe", Nürnberg und Umgebung,
„ 67. Straßenbahner-Baugenossenschaft, Nürnberg,
„ 68. Baugenossenschaft Buch-Nürnberg,
„ 69. Baugenossenschaft des Reichsverbandes deutscher Kriegsbeschädigter, Nürnberg,
„ 70. Baugenossenschaft Bürgerheim, Nürnberg,
„ 71. Gemeinn. Wohnungsbau des Mietervereins Nürnberg und
Umgebung,
„ 72. Eisenbahner-Baugenossenschaft Nürnberg-Rangierbahnhof,
„ 73. Baugenossenschaft für Angehörige der Verkehrsanstalten,
Nürnberg,
„ 74. Baugenossenschaft Lauf a. Pegnitz,
„ 75. Baugenossenschaft des Eisenbahner-Personals Nürnberg und
Umgebung,
„ 76. Bauverein Siemens-Schuckertscher Arbeiter, Nürnberg,
„ 77. Baugenossenschaft Bingscher Arbeiter und Angestellten, Nürnberg,
„ 78. König Ludwig III. und Königin Maria Therese Goldene Hoch-
zeits-Stiftung, Fürth i. Bayern,
„ 79. Beamten-Baugenossenschaft Fürth, Gemeinn. Genossenschaft
in Fürth,
„ 80. Siedlungsgenossenschaft „Kriegerheimstätte", Fürth i. Bayern,
„ 81. Spar- und Bauverein Fürth i. Bayern,
„ 82. Baugenossenschaft „Eigenes Heim", Fürth i. Bayern,
„ 83. Gemeinn. A.-G. für Wohnungsbau, Ludwigshafen a. Rh.,

Nr. 84. Baugenossenschaft des bayer. Verkehrspersonals, Ludwigshafen a. Rh.,

„ 85. Würzburger Bau- und Sparverein, Würzburg,

„ 86. Gemeinn. Wohnungsbaugesellschaft der Stadt Nürnberg,

„ 87. Baugenossenschaft von Verkehrsangehörigen, Schweinfurt,

„ 88. Baugenossenschaft für Verkehrsangehörige, Aschaffenburg,

„ 89. Gemeinn. Eigenheim-Baugenossenschaft, Aschaffenburg,

„ 90. Baugenossenschaft Erlangen,

„ 91. Beamten-Baugenossenschaft, Ansbach,

„ 92. Kleinwohnungsbauverein, Ansbach,

„ 93. Baugenossenschaft „Am Onolzbach", Ansbach,

„ 94. Post-Baugenossenschaft Landau, Pfalz,

„ 95. Baugenossenschaft, Rottendorf, Ufr.,

„ 96. Baugenossenschaft des Reichsverbandes Deutscher Kriegsbeschädigter, Schwabach,

„ 97. Bauverein C. V. J. M., Schwabach,

„ 98. Gemeinn. Baugenossenschaft, Edigheim, Pfalz,

„ 99. Baugenossenschaft Eichelberg, Reichelsdorf,

„ 100. Heimstätten, Gemeinn. Baugesellschaft, Bamberg,

„ 101. Heimstätten-Baugenossenschaft des Post- und Telegraphenpersonals, Bamberg,

„ 102. Baugenossenschaft Hof i. Bayern,

„ 103. Baugenossenschaft des Post- und Telegraphenpersonals, Hof i. Bayern,

„ 104. Stadtgemeinde Hof i. Bayern,

„ 105. Bau-Verein Bayreuth,

„ 106. Kleinbau- und Siedlungsgenossenschaft, Bayreuth,

„ 107. Baugenossenschaft „Familienheim", Weiden,

„ 108. Baugenossenschaft des Eisenbahnpersonals, Weiden,

„ 109. Gemeinn. Bauverein Selb i. Bayern,

„ 110. Baugenossenschaft des Post- und Telegraphenpersonals, Münchberg,

„ 111. Baugenossenschaft Rehau und Umgebung,

„ 112. Bauverein Tirschenreuth in Tirschenreuth,

„ 113. Gemeinn. Bauverein Schönwald, Ofr.,

„ 114. Baugenossenschaft Beilngries,

„ 115. Gemeinn. Bauverein „Eigenes Heim", Rosenberg, Opf.,

„ 116. Gemeinn. Bauverein Regensburg e. V.,

„ 117. Ingenieurbüro Oskar von Miller, G. m. b. H., Schweinfurter Siedlungen.

**Tabelle 1: Einzelzimmerheizungen.**

| Verzeichnis Nr. | Typ I. Küche und 2 Zimmer | | | | | | | | Typ II. Küche und 3 Zimmer | | | | | | | | Typ III. Küche und 4 Zimmer | | | | | | | |
|---|---|---|---|---|---|---|---|---|---|---|---|---|---|---|---|---|---|---|---|---|---|---|---|---|
| | Anzahl der Wohnungen | heizbare Zimmer | Anlagekosten RM. Ofen | Herd | RM/m² Wohnfl. | Verbrauchskosten RM. feste Brennst. | Gas | RM/m² Wohnfl. | Anzahl der Wohnungen | heizbare Zimmer | Anlagekosten RM. Ofen | Herd | RM/m² Wohnfl. | Verbrauchskosten RM. feste Brennst. | Gas | RM/m² Wohnfl. | Anzahl der Wohnungen | heizbare Zimmer | Anlagekosten RM. Ofen | Herd | RM/m² Wohnfl. | Verbrauchskosten RM. feste Brennst. | Gas | RM/m² Wohnfl. |
| 1 | 210 | 2 | 268 | 184 | 7,55 | 70 | 20 | 1,50 | 18 | 3 | 354 | 170 | 7,10 | 103 | 24 | 1,71 | — | — | — | — | — | — | — | — |
| 2 | 57 | 2 | 228 | 180 | 6,30 | 76 | 20 | 1,48 | 29 | 3 | 368 | 180 | 6,85 | 124 | 29 | 1,92 | — | — | — | — | — | — | — | — |
| 3 | 107 | 2 | 173 | 168 | 5,25 | 68 | 19 | 1,34 | 18 | 3 | 287 | 168 | 5,05 | 108 | 25 | 1,48 | — | — | — | — | — | — | — | — |
| 4 | 167 | 1 | 120 | 160 | 4,31 | 63 | 35 | 1,49 | 32 | 3 | 216 | 165 | 4,22 | 93 | 20 | 1,27 | — | — | — | — | — | — | — | — |
| 5 | 83 | 2 | 270 | 310 | 6,60 | 53 | 21 | 1,01 | 14 | 3 | 435 | 210 | 6,65 | 92 | 19 | 1,15 | — | — | — | — | — | — | — | — |
| 6 | 30 | 1 | 154 | 196 | 4,80 | 107 | 22 | 1,77 | — | — | — | — | — | — | — | — | — | — | — | — | — | — | — | — |
| 7 | 57 | 2 | 186 | 210 | 6,40 | 63 | 17 | 1,29 | — | — | — | — | — | — | — | — | — | — | — | — | — | — | — | — |
| 8 | 45 | 2 | 169 | 166 | 5,84 | 71 | 20 | 1,58 | 10 | 3 | 211 | 171 | 4,56 | 87 | 22 | 1,32 | — | — | — | — | — | — | — | — |
| 9 | 250 | 2 | 270 | 208 | 7,35 | 56 | 18 | 1,14 | 21 | 3 | 472 | 160 | 6,32 | 72 | 30 | 1,02 | — | — | — | — | — | — | — | — |
| 10 | 6 | 2 | 244 | 336 | 9,65 | 66 | 8 | 1,22 | — | — | — | — | — | — | — | — | — | — | — | — | — | — | — | — |
| 11 | 51 | 2 | 120 | 120 | 4,35 | 71 | 26 | 1,76 | — | — | — | — | — | — | — | — | — | — | — | — | — | — | — | — |
| 12 | 63 | 2 | 230 | 172 | 5,36 | 92 | 19 | 1,47 | 38 | 3 | 370 | 172 | 5,16 | 109 | 33 | 1,35 | — | — | — | — | — | — | — | — |
| 13 | 43 | 2 | 200 | 160 | 6,00 | 77 | 18 | 1,58 | — | — | — | — | — | — | — | — | — | — | — | — | — | — | — | — |
| 16 | 47 | 2 | 320 | 200 | 7,65 | 86 | 17 | 1,50 | 90 | 3 | 480 | 200 | 7,40 | 105 | 30 | 1,47 | 12 | 4 | 368 | 170 | 5,3 | 142 | 47 | 1,72 |
| 17 | 35 | 2 | 230 | 170 | 6,35 | 102 | 28 | 2,03 | 66 | 3 | 283 | 170 | 5,27 | 94 | 30 | 1,44 | — | — | — | — | — | — | — | — |
| 18 | 29 | 2 | 247 | 165 | 6,05 | 86 | 30 | 1,70 | 7 | 3 | 368 | 165 | 6,27 | 77 | 40 | 1,37 | — | — | — | — | — | — | — | — |
| 19 | 118 | 1 | 34 | 240 | 5,00 | 74 | 14 | 1,60 | 34 | 1 | 34 | 240 | 3,90 | 70 | 12 | 1,17 | — | — | — | — | — | — | — | — |
| 20 | 48 | 1 | 35 | 250 | 5,17 | 54 | 16 | 1,27 | 27 | 1 | 35 | 250 | 4,38 | 49 | 23 | 1,10 | — | — | — | — | — | — | — | — |
| 21 | 253 | 2 | 311 | 280 | 7,88 | 93 | 18 | 1,48 | — | — | — | — | — | — | — | — | — | — | — | — | — | — | — | — |

**Tabelle 2: Einzelzimmerheizungen.**

| Verzeichnis Nr. | Typ I. Küche und 2 Zimmer | | | | | | | | Typ II. Küche und 3 Zimmer | | | | | | | | Typ III. Küche und 4 Zimmer | | | | | | | |
|---|---|---|---|---|---|---|---|---|---|---|---|---|---|---|---|---|---|---|---|---|---|---|---|---|
| | Anzahl der Wohnungen | heizbare Zimmer | Anlagekosten R.M. Ofen | Herd | RM./m² Wohnfl. | Verbrauchskosten R.M. feste Brennst. | Gas | RM./m² Wohnfl. | Anzahl der Wohnungen | heizbare Zimmer | Anlagekosten R.M. Ofen | Herd | RM./m² Wohnfl. | Verbrauchskosten R.M. feste Brennst. | Gas | RM./m² Wohnfl. | Anzahl der Wohnungen | heizbare Zimmer | Anlagekosten R.M. Ofen | Herd | RM./m² Wohnfl. | Verbrauchskosten R.M. feste Brennst. | Gas | RM./m² Wohnfl. |
| 22 | 71 | 2 | 314 | 200 | 6,63 | 97 | 16 | 1,46 | 26 | 3 | 440 | 200 | 6,10 | 105 | 31 | 1,30 | — | — | — | — | — | — | — | — |
| 23 | 94 | 2 | 183 | 150 | 4,17 | 78 | 28 | 1,32 | 44 | 3 | 313 | 150 | 4,63 | 150 | 41 | 1,92 | — | — | — | — | — | — | — | — |
| 24 | 170 | 2 | 230 | 168 | 5,68 | 78 | 25 | 1,47 | 16 | 3 | 330 | 180 | 5,10 | 114 | 50 | 1,64 | — | — | — | — | — | — | — | — |
| 25 | 118 | 1 | 135 | 162 | 3,96 | 92 | 22 | 1,52 | 57 | 2 | 270 | 162 | 4,13 | 120 | 32 | 1,54 | — | — | — | — | — | — | — | — |
| 26 | 298 | 2 | 229 | 197 | 6,30 | 79 | 28 | 1,58 | — | — | — | — | — | — | — | — | — | — | — | — | — | — | — | — |
| 27 | 1160 | 2 | 224 | 197 | 7,46 | 70 | 19 | 1,58 | 90 | 3 | 278 | 197 | 6,46 | 100 | 38 | 1,88 | — | — | — | — | — | — | — | — |
| 28 | 672 | 2 | 205 | 200 | 6,76 | 73 | 22 | 1,58 | 40 | 3 | 251 | 200 | 6,26 | 108 | 39 | 2,05 | — | — | — | — | — | — | — | — |
| 29 | 120 | 2 | 204 | 197 | 6,70 | 76 | 30 | 1,76 | 90 | 3 | 268 | 190 | 5,40 | 120 | 50 | 2,00 | — | — | — | — | — | — | — | — |
| 30 | 630 | 2 | 206 | 197 | 6,71 | 105 | 31 | 2,27 | 33 | 3 | 258 | 197 | 5,36 | 114 | 50 | 1,92 | 26 | 4 | 504 | 197 | 6,60 | 109 | 42 | 1,42 |
| 31 | 63 | 1 | 154 | 196 | 4,80 | 107 | 22 | 1,77 | 11 | 2 | 308 | 196 | 5,30 | 121 | 15 | 1,43 | — | — | — | — | — | — | — | — |
| 33 | — | — | — | — | — | — | — | — | 16 | 3 | 310 | 121 | 6,10 | 144 | — | 2,03 | — | — | — | — | — | — | — | — |
| 34 | 48 | 1 | 60 | 120 | 2,90 | 58 | 14 | 1,16 | 133 | 3 | 189 | 160 | 4,98 | 69 | 30 | 1,41 | 11 | 4 | 252 | 160 | 5,15 | 90 | 19 | 1,36 |
| 36 | 25 | 2 | 126 | 140 | 4,43 | 64 | 13 | 1,28 | 165 | 2 | 201 | 140 | 4,80 | 93 | 21 | 1,59 | 20 | 3 | 290 | 140 | 4,95 | 109 | 19 | 1,47 |
| 37 | 19 | 2 | 216 | 140 | 6,47 | 77 | 16 | 1,69 | 208 | 2 | 90 | 150 | 3,43 | 92 | 19 | 1,58 | 20 | 3 | 135 | 150 | 3,16 | 70 | 17 | 0,96 |
| 38 | 302 | 1 | 55 | 150 | 4,32 | 80 | 16 | 2,02 | 32 | 3 | 120 | 180 | 4,28 | 113 | 40 | 2,18 | 8 | 4 | 160 | 180 | 4,00 | 166 | 33 | 2,35 |
| 39 | 12 | 2 | 80 | 180 | 4,33 | 76 | 20 | 1,60 | 130 | 3 | 195 | 160 | 4,74 | 90 | 27 | 1,56 | 37 | 4 | 280 | 165 | 4,68 | 120 | 33 | 1,61 |
| 40 | 62 | 2 | 176 | 150 | 5,00 | 119 | 20 | 2,14 | — | — | — | — | — | — | — | — | — | — | — | — | — | — | — | — |
| 41 | 86 | 2 | 139 | 162 | 4,63 | 69 | 25 | 1,45 | — | — | — | — | — | — | — | — | — | — | — | — | — | — | — | — |

Tabelle 3: Einzelzimmerheizungen.

In der folgenden Tabelle gehören bei jedem Typ die Spalten „Ofen", „Herd", „R.M./m² Wohnfl." zu den Anlagekosten R.M.; die Spalten „feste Brennst.", „Gas", „R.M./m² Wohnfl." zu den Verbrauchskosten.

| Verzeichnis Nr. | Typ I. Küche und 2 Zimmer | | | | | | | | Typ II. Küche und 3 Zimmer | | | | | | | | Typ III. Küche und 4 Zimmer | | | | | | | |
|---|---|---|---|---|---|---|---|---|---|---|---|---|---|---|---|---|---|---|---|---|---|---|---|---|
| | Anzahl der Wohnungen | heizbare Zimmer | Ofen | Herd | R.M./m² Wohnfl. | feste Brennst. | Gas | R.M./m² Wohnfl. | Anzahl der Wohnungen | heizbare Zimmer | Ofen | Herd | R.M./m² Wohnfl. | feste Brennst. | Gas | R.M./m² Wohnfl. | Anzahl der Wohnungen | heizbare Zimmer | Ofen | Herd | R.M./m² Wohnfl. | feste Brennst. | Gas | R.M./m² Wohnfl. |
| 42 | 12 | 2 | 120 | 170 | 4,03 | 109 | 24 | 1,86 | 32 | 2 | 175 | 170 | 3,75 | 100 | 29 | 1,40 | 8 | 4 | 380 | 170 | 5,50 | 50 | 35 | 0,77 |
| 43 | 41 | 2 | 77 | 103 | 3,60 | 90 | 12 | 2,05 | 52 | 2 | 77 | 103 | 2,69 | 85 | 13 | 1,46 | — | — | — | — | — | — | — | — |
| 44 | 30 | 2 | 145 | 203 | 5,35 | 72 | 10 | 1,26 | 3 | 3 | 186 | 198 | 4,50 | 66 | 18 | 1,00 | — | — | — | — | — | — | — | — |
| 45 | 45 | 2 | 276 | 240 | 7,38 | 64 | 16 | 1,14 | — | — | — | — | — | — | — | — | 15 | 3 | 380 | 256 | 5,47 | 136 | 41 | 1,54 |
| 46 | 47 | 2 | 180 | 200 | 6,44 | 66 | 12 | 1,32 | 36 | 3 | 460 | 230 | 7,66 | 103 | 33 | 1,51 | 8 | 3 | 536 | 200 | 8,20 | 150 | 41 | 1,82 |
| 47 | 26 | 1 | 60 | 130 | 3,07 | 100 | — | 1,61 | — | — | — | — | — | — | — | — | 31 | 2 | 180 | 115 | 2,81 | 184 | 45 | 2,19 |
| 48 | 8 | 2 | 328 | 180 | 7,15 | 85 | 10 | 1,34 | 10 | 2 | 269 | 200 | 7,33 | 97 | 42 | 2,16 | 9 | 2 | 160 | 180 | 4,25 | 76 | 42 | 1,48 |
| 49 | 47 | 1 | 50 | 115 | 2,84 | 97 | 9,0 | 1,83 | 79 | 1 | 50 | 115 | 2,43 | 116 | 24 | 2,06 | 33 | 3 | 270 | 150 | 4,77 | 92 | 45 | 1,56 |
| 50 | 38 | 1 | 60 | 180 | 4,52 | 91 | 13 | 1,96 | 63 | 2 | 140 | 180 | 5,62 | 83 | 13 | 1,68 | — | — | — | — | — | — | — | — |
| 51 | 29 | 2 | 100 | 150 | 5,95 | 87 | 21 | 2,57 | 46 | 2 | 220 | 150 | 5,36 | 117 | 32 | 2,16 | — | — | — | — | — | — | — | — |
| 52 | — | — | — | — | — | — | — | — | 24 | 2 | 80 | 125 | 2,95 | 86 | 17 | 1,48 | 12 | 2 | 73 | 125 | 2,48 | 92 | — | 1,15 |
| 53 | 19 | 2 | 260 | 180 | 8,15 | 80 | 17 | 1,79 | 14 | 2 | 260 | 180 | 6,11 | 93 | 17 | 1,53 | — | — | — | — | — | — | — | — |
| 54 | 111 | — | — | — | — | — | — | — | 42 | 2 | 40 | 70 | 1,69 | 90 | — | 1,38 | — | — | — | — | — | — | — | — |
| 56 | 22 | 1 | 60 | 130 | 3,80 | 72 | — | 1,44 | 53 | 2 | 120 | 130 | 3,84 | 80 | — | 1,23 | — | — | — | — | — | — | — | — |
| 57 | 48 | 2 | 170 | 130 | 5,76 | 65 | — | 1,25 | 18 | 2 | 145 | 130 | 4,14 | 76 | — | 1,15 | 21 | 2 | 50 | 145 | 2,35 | 98 | 29 | 1,52 |
| 58 | 82 | 2 | 260 | 200 | 9,60 | 70 | 17 | 1,46 | — | — | — | — | — | — | — | — | 14 | 2 | 46 | 118 | 2,34 | 103 | — | 1,47 |
| 59 | — | 1 | 25 | 140 | 3,18 | 65 | — | 1,57 | 67 | 2 | 50 | 140 | 2,72 | 93 | 21 | 1,63 | — | — | — | — | — | — | — | — |
| 60 | 5 | — | — | — | — | — | — | — | 46 | 2 | 46 | 118 | 2,98 | 114 | — | 2,08 | — | — | — | — | — | — | — | — |
| 61 | — | 2 | 160 | 234 | 6,25 | 113 | 19 | 2,10 | 3 | 2 | 160 | 234 | 5,40 | 92 | 20 | 1,54 | — | — | — | — | — | — | — | — |

**Tabelle 4: Einzelzimmerheizungen.**

| Verzeichnis Nr. | Typ I. Küche und 2 Zimmer | | | | | | | | Typ II. Küche und 3 Zimmer | | | | | | | | Typ III. Küche und 4 Zimmer | | | | | | | |
|---|---|---|---|---|---|---|---|---|---|---|---|---|---|---|---|---|---|---|---|---|---|---|---|---|
| | Anzahl der Wohnungen | heizbare Zimmer | Anlagekosten RM. Ofen | Herd | RM./m² Wohnfl. | Verbrauchskosten feste Brennst. | Gas | RM./m² Wohnfl. | Anzahl der Wohnungen | heizbare Zimmer | Anlagekosten RM. Ofen | Herd | RM./m² Wohnfl. | Verbrauchskosten feste Brennst. | Gas | RM./m² Wohnfl. | Anzahl der Wohnungen | heizbare Zimmer | Anlagekosten RM. Ofen | Herd | RM./m² Wohnfl. | Verbrauchskosten feste Brennst. | Gas | RM./m² Wohnfl. |
| 63 | 26 | 1 | 112 | 130 | 4,84 | 50 | 35 | 1,70 | 14 | 1 | 100 | 130 | 3,70 | 50 | 35 | 1,37 | 124 | 2 | 210 | 130 | 4,25 | 84 | 15 | 1,24 |
| 64 | — | — | — | — | — | — | — | — | 16 | 2 | 259 | 133 | 6,75 | 61 | 24 | 1,47 | 21 | 2 | 189 | 210 | 6,04 | 75 | 25 | 1,51 |
| 65 | 33 | 2 | 205 | 170 | 6,25 | 76 | 17 | 1,54 | 45 | 3 | 330 | 120 | 6,80 | 83 | 24 | 1,62 | 29 | 3 | 365 | 120 | 5,10 | 112 | 46 | 1,66 |
| 66 | 421 | 2 | 200 | 175 | 6,82 | 67 | 18 | 1,56 | 416 | 3 | 386 | 175 | 8,00 | 77 | 25 | 1,46 | 32 | 4 | 452 | 190 | 8,56 | 120 | 38 | 2,11 |
| 68 | 22 | 1 | 110 | 140 | 4,76 | 54 | 10 | 1,22 | 49 | 2 | 220 | 140 | 5,80 | 57 | 23 | 1,30 | 8 | 2 | 220 | 140 | 5,00 | 77 | 13 | 1,25 |
| 69 | 317 | 2 | 217 | 136 | 5,90 | 104 | 27 | 2,17 | — | — | — | — | — | — | — | — | — | — | — | — | — | — | — | — |
| 70 | 33 | 1 | 225 | 150 | 7,50 | 82 | 12 | 1,88 | 111 | 2 | 350 | 150 | 7,15 | 82 | 27 | 1,56 | 20 | 2 | 290 | 190 | 5,34 | 85 | 40 | 1,47 |
| 71 | 86 | 2 | 290 | 190 | 8,70 | 70 | 26 | 1,74 | 59 | 2 | 290 | 190 | 6,85 | 106 | 35 | 2,01 | 7 | 3 | 190 | 200 | 5,55 | 100 | 31 | 1,44 |
| 72 | 142 | 2 | 235 | 120 | 5,46 | 62 | 18 | 1,22 | 17 | 3 | 300 | 120 | 5,60 | 78 | 18 | 1,28 | 9 | 3 | 220 | 140 | 3,16 | 134 | 44 | 1,56 |
| 73 | 12 | 2 | 195 | 200 | 7,30 | 73 | 21 | 1,74 | 135 | 2 | 195 | 200 | 5,99 | 90 | 30 | 1,82 | — | — | — | — | — | — | — | — |
| 74 | — | — | — | — | — | — | — | — | 8 | 2 | 180 | 120 | 4,55 | 89 | 21 | 1,67 | 8 | 2 | 233 | 150 | 4,91 | 96 | 27 | 1,58 |
| 75 | 169 | 2 | 330 | 135 | 7,26 | 63 | 30 | 1,45 | 21 | 3 | 390 | 135 | 6,25 | 59 | 21 | 0,96 | 24 | 3 | 474 | 126 | 7,70 | 106 | 34 | 1,80 |
| 76 | 9 | 2 | 233 | 150 | 7,66 | 72 | 16 | 1,76 | 13 | 2 | 233 | 150 | 5,90 | 67 | 20 | 1,33 | — | — | — | — | — | — | — | — |
| 77 | 38 | 2 | 376 | 126 | 9,50 | 45 | 12 | 1,08 | 138 | 2 | 376 | 126 | 7,40 | 78 | 25 | 1,51 | 10 | 4 | 725 | 265 | 8,76 | 122 | 42 | 1,44 |
| 78 | — | — | — | — | — | — | — | — | 70 | 1 | 46 | 175 | 3,68 | 100 | 17 | 1,95 | 29 | 2 | 260 | 200 | 5,75 | 95 | 27 | 1,51 |
| 79 | 2 | 2 | 300 | 247 | 9,10 | 98 | 11 | 1,81 | 64 | 2 | 400 | 174 | 7,00 | 109 | 44 | 1,85 | — | — | — | — | — | — | — | — |
| 80 | 27 | 1 | 160 | 200 | 7,50 | 74 | 14 | 1,83 | 128 | 1 | 160 | 200 | 5,63 | 88 | 42 | 2,04 | 7 | 3 | 414 | 135 | 5,00 | 100 | 38 | 1,25 |
| 81 | 136 | 2 | 185 | 170 | 5,39 | 77 | 14 | 1,39 | 41 | 2 | 253 | 170 | 4,70 | 91 | 23 | 1,27 | — | — | — | — | — | — | — | — |
| 82 | — | — | — | — | — | — | — | — | — | — | — | — | — | — | — | — | — | — | — | — | — | — | — | — |

## Tabelle 5: Einzelzimmerheizungen.

| Verzeichnis Nr. | Typ I. Küche und 2 Zimmer | | | | | | | | Typ II. Küche und 3 Zimmer | | | | | | | | Typ III. Küche und 4 Zimmer | | | | | | | |
|---|---|---|---|---|---|---|---|---|---|---|---|---|---|---|---|---|---|---|---|---|---|---|---|---|
| | Anzahl der Wohnungen | heizbare Zimmer | Anlagekosten RM. Ofen | Herd | RM./m³ Wohnfl. | Verbrauchsk. feste Brennst. | Gas | RM./m³ Wohnfl. | Anzahl der Wohnungen | heizbare Zimmer | Anlagekosten RM. Ofen | Herd | RM./m³ Wohnfl. | Verbrauchsk. feste Brennst. | Gas | RM./m³ Wohnfl. | Anzahl der Wohnungen | heizbare Zimmer | Anlagekosten RM. Ofen | Herd | RM./m³ Wohnfl. | Verbrauchsk. feste Brennst. | Gas | RM./m³ Wohnfl. |
| 83 | 6 | 2 | 462 | 96 | 8,97 | 64 | 6 | 1,12 | — | — | — | — | — | — | — | — | — | — | — | — | — | — | — | — |
| 84 | 12 | 1 | 50 | 80 | 2,37 | 57 | 18 | 1,37 | 90 | 2 | 100 | 80 | 2,57 | 65 | 19 | 1,19 | — | — | — | — | — | — | — | — |
| 85 | 35 | 2 | 198 | 125 | 5,04 | 78 | 30 | 1,69 | 84 | 3 | 360 | 125 | 6,55 | 86 | 27 | 1,53 | 45 | 4 | 410 | 125 | 5,70 | 121 | 46 | 1,78 |
| 86 | 191 | 2 | 375 | 110 | 11,35 | 86 | 15 | 2,37 | 95 | 3 | 495 | 190 | 9,52 | 95 | 23 | 1,64 | — | — | — | — | — | — | — | — |
| 87 | 36 | 2 | 84 | 80 | 3,28 | 60 | 5 | 1,30 | 123 | 2 | 127 | 80 | 3,31 | 65 | 8,5 | 1,18 | 12 | 3 | 126 | 80 | 2,42 | 75 | 38 | 1,33 |
| 88 | — | — | — | — | — | — | — | — | 58 | 2 | 150 | 120 | 4,28 | 86 | 14 | 1,59 | 8 | 3 | 189 | 165 | 3,85 | 97 | 33 | 1,42 |
| 89 | 26 | 2 | 86 | 105 | 3,47 | 79 | 14 | 1,69 | 78 | 2 | 86 | 105 | 2,25 | 78 | 22 | 1,18 | 20 | 3 | 129 | 105 | 2,34 | 95 | 22 | 1,17 |
| 90 | 59 | 2 | 310 | 135 | 8,10 | 92 | 19 | 2,02 | 4 | 3 | 300 | 135 | 6,00 | 100 | 31 | 1,81 | — | — | — | — | — | — | — | — |
| 91 | — | — | — | — | — | — | — | — | 90 | 3 | 300 | 120 | 6,55 | 99 | 24 | 1,74 | 50 | 4 | 460 | 120 | 6,45 | 119 | 36 | 1,73 |
| 92 | — | — | — | — | — | — | — | — | 94 | 1 | 135 | 150 | 5,18 | 96 | 14 | 2,00 | — | — | — | — | — | — | — | — |
| 93 | — | — | — | — | — | — | — | — | 22 | 2 | 183 | 100 | 4,72 | 77 | 25 | 1,70 | 11 | 2 | 100 | 100 | 2,98 | 95 | 24 | 1,76 |
| 94 | 11 | 2 | 80 | 120 | 3,06 | 87 | 15 | 1,56 | 15 | 2 | 139 | 120 | 3,57 | 105 | 19 | 1,71 | 4 | 3 | 250 | 120 | 3,86 | 138 | 26 | 1,70 |
| 95 | — | — | — | — | — | — | — | — | 22 | 2 | 71 | 58 | 1,85 | 95 | — | 1,35 | — | — | — | — | — | — | — | — |
| 96 | 20 | 2 | 186 | 158 | 5,10 | 79 | 15 | 1,40 | — | — | — | — | — | — | — | — | — | — | — | — | — | — | — | — |
| 97 | — | — | — | — | — | — | — | — | — | — | — | — | — | — | — | — | 15 | 3 | 220 | 120 | 4,10 | 68 | — | 0,88 |
| 98 | 11 | 1 | 60 | 111 | 3,78 | 71 | 13 | 1,87 | 36 | 1 | 112 | 120 | 3,60 | 67 | 18 | 1,32 | — | — | — | — | — | — | — | — |
| 99 | — | — | — | — | — | — | — | — | 32 | 2 | 180 | 95 | 4,44 | 108 | 27 | 2,17 | — | — | — | — | — | — | — | — |
| 100 | — | — | — | — | — | — | — | — | — | — | — | — | — | — | — | — | — | — | — | — | — | — | — | — |
| 101 | 27 | 2 | 68 | 220 | 4,74 | 90 | 20 | 2,28 | 53 | 2 | 190 | 220 | 6,20 | 92 | 21 | 1,72 | 18 | 4 | 339 | 235 | 7,45 | 110 | 40 | 1,92 |

Tabelle 6: **Einzelzimmerheizungen.**

| Verzeichnis Nr. | Typ I. Küche und 2 Zimmer | | | | | | | | Typ II. Küche und 3 Zimmer | | | | | | | | Typ III. Küche und 4 Zimmer | | | | | | | |
|---|---|---|---|---|---|---|---|---|---|---|---|---|---|---|---|---|---|---|---|---|---|---|---|---|
| | Anzahl der Wohnungen | heizbare Zimmer | Anlagekosten R.M. Ofen | Herd | R.M./m² Wohnfl. | Verbrauchskosten R.M. feste Brennst. | Gas | R.M./m² Wohnfl. | Anzahl der Wohnungen | heizbare Zimmer | Anlagekosten R.M. Ofen | Herd | R.M./m² Wohnfl. | Verbrauchskosten R.M. feste Brennst. | Gas | R.M./m² Wohnfl. | Anzahl der Wohnungen | heizbare Zimmer | Anlagekosten R.M. Ofen | Herd | R.M./m² Wohnfl. | Verbrauchskosten R.M. feste Brennst. | Gas | R.M./m² Wohnfl. |
| 102 | 370 | 1 | 62 | 210 | 5,45 | 76 | 16 | 1,85 | 122 | 2 | 100 | 210 | 4,56 | 66 | 15 | 1,20 | 17 | 2 | 100 | 210 | 3,98 | 92 | 19 | 1,39 |
| 103 | — | — | — | — | — | — | — | — | 52 | 2 | 190 | 195 | 6,40 | 74 | 20 | 1,55 | 14 | 3 | 612 | 200 | 10,41 | 102 | 30 | 1,68 |
| 104 | 75 | 2 | 195 | 215 | 7,07 | 75 | 15 | 1,55 | 38 | 3 | 330 | 287 | 7,26 | 68 | 25 | 1,09 | 13 | 3 | 523 | 270 | 7,47 | 116 | 48 | 1,55 |
| 105 | 50 | 2 | 176 | 170 | 6,30 | 58 | 14 | 1,30 | 111 | 3 | 235 | 170 | 6,23 | 77 | 21 | 1,50 | 43 | 3 | 350 | 170 | 5,48 | 91 | 34 | 1,42 |
| 106 | 12 | 1 | 50 | 190 | 4,30 | 61 | 11 | 1,29 | 18 | 2 | 200 | 210 | 6,40 | 89 | 21 | 1,72 | 18 | 2 | 200 | 150 | 5,48 | 90 | 27 | 1,80 |
| 107 | 109 | 2 | 240 | 170 | 6,30 | 90 | 18 | 1,66 | — | — | — | — | — | — | — | — | — | — | — | — | — | — | — | — |
| 108 | 29 | 2 | 160 | 150 | 4,56 | 72 | 15 | 1,28 | 7 | 3 | 240 | 180 | 5,06 | 82 | 18 | 1,20 | — | — | — | — | — | — | — | — |
| 109 | 242 | 1 | 110 | 255 | 6,82 | 69 | 16 | 1,60 | 27 | 2 | 220 | 255 | 6,30 | 91 | 19 | 1,46 | — | — | — | — | — | — | — | — |
| 110 | — | — | — | — | — | — | — | — | 12 | 3 | 190 | 168 | 5,97 | 64 | 14 | 1,30 | — | — | — | — | — | — | — | — |
| 111 | — | — | — | — | — | — | — | — | 62 | 1 | 38 | 120 | 2,26 | 75 | — | 1,07 | 7 | 3 | 450 | 160 | 5,80 | 112 | — | 1,07 |
| 112 | 12 | 1 | 150 | 160 | 6,20 | 87 | — | 1,73 | 10 | 2 | 300 | 160 | 6,70 | 95 | — | 1,38 | — | — | — | — | — | — | — | — |
| 113 | 32 | 2 | 190 | 192 | 8,30 | 63 | 10 | 1,58 | — | — | — | — | — | — | — | — | 18 | 3 | 360 | 120 | 5,65 | 90 | — | 1,06 |
| 114 | — | — | — | — | — | — | — | — | — | — | — | — | — | — | — | — | — | — | — | — | — | — | — | — |
| 115 | 28 | 2 | 240 | 144 | 8,14 | 80 | — | 1,73 | 6 | 1 | 120 | 144 | 4,19 | 87 | — | 1,39 | — | — | — | — | — | — | — | — |
| 116 | 228 | 2 | 195 | 190 | 4,76 | 123 | 18 | 1,73 | 42 | 2 | 330 | 190 | 4,62 | 141 | 25 | 1,82 | — | — | — | — | — | — | — | — |

Tabelle 7: **Wohnungsheizungen.**

| Verzeichnis Nr. | Typ I. Küche und 2 Zimmer | | | | | | | Typ II. Küche und 3 Zimmer | | | | | | | Typ III. Küche und 4 Zimmer | | | | | | |
|---|---|---|---|---|---|---|---|---|---|---|---|---|---|---|---|---|---|---|---|---|---|
| | Anzahl der Wohnungen | Anlagekosten RM | | RM/m² Wohnfl. | Verbrauchskosten RM | | RM/m² Wohnfl. | Anzahl der Wohnungen | Anlagekosten RM | | RM/m² Wohnfl. | Verbrauchskosten RM | | RM/m² Wohnfl. | Anzahl der Wohnungen | Anlagekosten RM | | RM/m² Wohnfl. | Verbrauchskosten RM | | RM/m² Wohnfl. |
| | | Heizung | Herd | | feste Brennst. | Gas | | | Heizung | Herd | | feste Brennst. | Gas | | | Heizung | Herd | | feste Brennst. | Gas | |

**Wohnungsheizungen aus Kachelöfen.**

| Verzeichnis Nr. | Anzahl | Heizung | Herd | RM/m² | feste Brennst. | Gas | RM/m² | Anzahl | Heizung | Herd | RM/m² | feste Brennst. | Gas | RM/m² | Anzahl | Heizung | Herd | RM/m² | feste Brennst. | Gas | RM/m² |
|---|---|---|---|---|---|---|---|---|---|---|---|---|---|---|---|---|---|---|---|---|---|
| 26 | 543 | 206 | 197 | 6,00 | 96 | 34 | 1,92 | — | — | — | — | — | — | — | — | — | — | — | — | — | — |
| 67 | 38 | 260 | 255 | 7,91 | 74 | 26 | 1,55 | — | — | — | — | — | — | — | — | — | — | — | — | — | — |

**Wohnungsheizungen aus Kleinkesseln (Etagenheizungen).**

| Verzeichnis Nr. | Anzahl | Heizung | Herd | RM/m² | feste Brennst. | Gas | RM/m² | Anzahl | Heizung | Herd | RM/m² | feste Brennst. | Gas | RM/m² | Anzahl | Heizung | Herd | RM/m² | feste Brennst. | Gas | RM/m² |
|---|---|---|---|---|---|---|---|---|---|---|---|---|---|---|---|---|---|---|---|---|---|
| 26 | 101 | 875 | 130 | 14,10 | 133 | 39 | 2,42 | 83 | 1074 | 130 | 13,84 | 163 | 44 | 2,46 | 5 | 1625 | 200 | 17,40 | 185 | 83 | 2,54 |
| 31 | — | — | — | — | — | — | — | 4 | 691 | 196 | 9,35 | 149 | 40 | 1,99 | 31 | 1050 | 130 | 10,72 | 190 | 51 | 2,19 |
| 42 | — | — | — | — | — | — | — | 2 | 600 | 120 | 7,82 | 145 | 25 | 1,85 | 4 | 1100 | 110 | 11,75 | 200 | — | 1,94 |
| 55 | — | — | — | — | — | — | — | 6 | 900 | 110 | 12,00 | 185 | — | 2,20 | — | — | — | — | — | — | — |
| 77 | 12 | 430 | 126 | 10,49 | 70 | 20 | 1,70 | 48 | 625 | 126 | 11,00 | 70 | 26 | 1,41 | — | — | — | — | — | — | — |
| 83 | 6 | 824 | 96 | 14,80 | 70 | 23 | 1,50 | — | — | — | — | — | — | — | — | — | — | — | — | — | — |
| 102 | — | — | — | — | — | — | — | 22 | 750 | 210 | 14,10 | 175 | 18 | 2,48 | — | — | — | — | — | — | — |
| — | — | — | — | — | — | — | — | — | — | — | — | — | — | — | 4 | 1400 | 200 | 15,20 | 179 | 66 | 2,33 |
| 35 | — | — | — | — | — | — | — | 5 | 596 | 215 | 7,08 | 217 | 24 | 2,32 | 10 | 997 | 240 | 9,00 | 213 | 26 | 1,74 |

**Wohnungsheizungen aus Küchenherden.**

| Verzeichnis Nr. | Anzahl | Heizung | Herd | RM/m² | feste Brennst. | Gas | RM/m² | Anzahl | Heizung | Herd | RM/m² | feste Brennst. | Gas | RM/m² | Anzahl | Heizung | Herd | RM/m² | feste Brennst. | Gas | RM/m² |
|---|---|---|---|---|---|---|---|---|---|---|---|---|---|---|---|---|---|---|---|---|---|
| 10 | 6 | 955 | — | 15,75 | 95 | 33 | 2,13 | — | — | — | — | — | — | — | 8 | 1100 | — | 10,37 | 165 | 60 | 2,12 |
| 104 | — | — | — | — | — | — | — | — | — | — | — | — | — | — | — | — | — | — | — | — | — |

**Tabelle 8:** { Sammelheizungen. Sammelhausheizungen.

### Sammelheizungen.

| Verzeichnis Nr. | Typ I. Küche und 2 Zimmer | | | | | | | Typ II. Küche und 3 Zimmer | | | | | | | Typ III. Küche und 4 Zimmer | | | | | | |
|---|---|---|---|---|---|---|---|---|---|---|---|---|---|---|---|---|---|---|---|---|---|
| | Anzahl der Wohnungen | Anlagekosten RM | | | Verbrauchskosten RM | | | Anzahl der Wohnungen | Anlagekosten RM | | | Verbrauchskosten RM | | | Anzahl der Wohnungen | Anlagekosten RM | | | Verbrauchskosten RM | | |
| | | Heizung | Herd | RM/m² Wohnfl. | Heiz-umlage | Gas | RM/m² Wohnfl. | | Heizung | Herd | RM/m² Wohnfl. | Heiz-umlage | Gas | RM/m² Wohnfl. | | Heizung | Herd | RM/m² Wohnfl. | Heiz-umlage | Gas | RM/m² Wohnfl. |
| 32 | — | — | — | — | — | — | — | 23 | 700 | 110 | 8,80 | 138 | 58 | 2,12 | 27 | 800 | 110 | 8,35 | 165 | 63 | 2,08 |
| 42 | 2 | 700 | 120 | 11,40 | 125 | 50 | 2,43 | 2 | 800 | 120 | 10,00 | 200 | 30 | 2,50 | 3 | 1050 | 130 | 10,72 | 200 | 35 | 2,14 |
| 26 | 26 | 815 | 130 | 13,50 | 140 | 51 | 2,72 | 97 | 977 | 130 | 13,15 | 161 | 58 | 2,55 | 8 | 1400 | 130 | 12,65 | 261 | 80 | 2,82 |
| 27 | 9 | 808 | 130 | 15,50 | 123 | 43 | 2,76 | 8 | 1148 | 130 | 14,85 | 189 | 62 | 2,92 | 6 | 1326 | 130 | 15,64 | 196 | 62 | 2,78 |
| 28 | 90 | 722 | 130 | 14,20 | 116 | 36 | 2,54 | — | — | — | — | — | — | — | 30 | 1069 | 130 | 12,63 | 192 | 59 | 2,63 |
| 35 | — | — | — | — | — | — | — | — | — | — | — | — | — | — | 10 | 990 | 270 | 10,32 | 192 | 68 | 2,13 |
| 83 | 5 | 825 | 120 | 15,19 | 108 | 30 | 2,22 | — | — | — | — | — | — | — | — | — | — | — | — | — | — |

### Sammelblockheizungen.

| Verzeichnis Nr. | Typ I. Küche und 2 Zimmer | | | | | | | Typ II. Küche und 3 Zimmer | | | | | | | Typ III. Küche und 4 Zimmer | | | | | | |
|---|---|---|---|---|---|---|---|---|---|---|---|---|---|---|---|---|---|---|---|---|---|
| | Anzahl der Wohnungen | Anlagekosten RM | | | Verbrauchskosten RM | | | Anzahl der Wohnungen | Anlagekosten RM | | | Verbrauchskosten RM | | | Anzahl der Wohnungen | Anlagekosten RM | | | Verbrauchskosten RM | | |
| | | Heizung | Herd | RM/m² Wohnfl. | Heiz-umlage | Gas | RM/m² Wohnfl. | | Heizung | Herd | RM/m² Wohnfl. | Heiz-umlage | Gas | RM/m² Wohnfl. | | Heizung | Herd | RM/m² Wohnfl. | Heiz-umlage | Gas | RM/m² Wohnfl. |
| 10 | 186 | 754 | 112 | 14,43 | 96 | 59 | 2,58 | 128 | 754 | 112 | 12,37 | 96 | 64 | 2,28 | — | — | — | — | — | — | — |
| 14 | 42 | 470 | 100 | 7,70 | 106 | 49 | 2,09 | — | — | — | — | — | — | — | — | — | — | — | — | — | — |
| 15 | 125 | 696 | 157 | 11,50 | 98 | 45 | 1,93 | 28 | 870 | 157 | 11,10 | 123 | 60 | 1,98 | — | — | — | — | — | — | — |
| 27 | 13 | 758 | 130 | 14,55 | 124 | 40 | 2,69 | 5 | 982 | 130 | 14,09 | 153 | 43 | 2,48 | 6 | 1192 | 130 | 13,79 | 197 | 65 | 2,73 |
| 35 | — | — | — | — | — | — | — | 10 | 602 | 163 | 7,44 | 207 | 38 | 2,38 | 10 | 720 | 215 | 7,60 | 244 | 39 | 2,30 |
| 83 | 158 | 945 | 120 | 17,27 | 143 | 16 | 2,51 | — | — | — | — | — | — | — | — | — | — | — | — | — | — |

Die Tabellen 1 mit 8 sind als „Leistungsverzeichnis" zu betrachten. Sie erfassen sämtliche Untersuchungsergebnisse der einzelnen Siedlungen und ermöglichen gleichzeitig eine Nachprüfung der Zahlen seitens interessierter Kreise. Werden aus diesen Zusammenstellungen schon vergleichende Betrachtungen angestellt, so muß besonders auf die Gründe der verschieden auftretenden Unterschiede und Schwankungen in den Anlage- und Verbrauchskosten hingewiesen werden. Es ist im Rahmen dieser Veröffentlichung nicht möglich, einzelne auffallende Werte der Tabellen herauszugreifen und zu erklären. Dies würde nur zu Wiederholungen führen. Ihre Ursachen können nur mit allgemein zutreffenden Gesichtspunkten begründet werden.

In besonderem Maße muß die Spalte „heizbare Zimmer" bei Vergleichsbildung berücksichtigt werden. Durch die Anzahl der heizbar ausgestatteten Zimmer gestalten sich auch die Anlagekosten der Heizeinrichtungen mehr oder weniger hoch. Während bei Wohnungen mit Warmwasserheizung fast durchwegs sämtliche Räume mit Heizkörpern versehen sind, weisen Wohnungen mit Einzelzimmerheizung große Verschiedenheiten auf, wie Tabelle 9 veranschaulicht. Bei Zweizimmer-

Tabelle 9.

| Beheizungsart | Küche und 2 Zimmer mit | | Küche und 3 Zimmer mit | | | Küche und 4 Zimmer mit | | | |
|---|---|---|---|---|---|---|---|---|---|
| | 1 | 2 | 1 | 2 | 3 | 1 | 2 | 3 | 4 |
| | heizbaren Zimmern | | heizbaren Zimmern | | | heizbaren Zimmern | | | |
| Einzelzimmerheizung | 1355 | 4638 | 475 | 1991 | 1519 | — | 262 | 289 | 249 |
| Sammelhausheizung | — | 136 | — | — | 130 | — | — | — | 84 |
| Sammelblockheizung | — | 524 | — | 128 | 43 | — | — | — | 20 |
| Wohnungsheizung aus Kleinkesseln (Etagenheizung) | — | 119 | — | — | 170 | — | — | — | 54 |
| Wohnungsheizung aus dem Küchenherd | — | 6 | — | — | — | — | — | — | 8 |
| Kachelofenzweizimmerheizung | — | 581 | — | — | — | — | — | — | — |
| Einzelzimmerheizung m. elektr. Koch- und Kohlenherd komb. | 58 | 20 | — | 10 | — | — | — | — | — |

wohnungen sind mit 77% beide Zimmer heizbar, während bei 23% nur eine Heizmöglichkeit vorhanden ist; bei Dreizimmerwohnungen liegt der Schwerpunkt mit 50% schon bei zwei und nur mit 38% bei drei heizbaren Räumen. Der Prozentsatz bei Vierzimmerwohnungen verteilt sich ungefähr gleich mit 33, 36 und 31% auf zwei, drei und vier heizbare Zimmer. Daß die Möglichkeit, alle Zimmer einer Wohnung beheizen zu können, eine Annehmlichkeit ist, bedarf keiner besonderen Betonung; in der Maßnahme, bei Siedlungswohnungen nicht alle Räume heizbar auszugestalten, kommt nur das Streben nach größter Sparsamkeit zum Ausdruck, soweit eine Beschränkung der Heizmöglichkeiten sozial noch tragbar erscheint. Den vielen erhaltenen Zuschriften seitens Haushaltungen mit verminderter Heizgelegenheit konnte weder der Wunsch noch die Forderung nach voller Heizbarkeit entnommen werden. Entgegen der bisherigen Übung ist nun auch die Zentralheizungsindustrie in den letzten Jahren dazu übergegangen, nicht alle Wohnräume mit Heizkörpern zu versehen, um eine Senkung der Betriebskosten und Ersparnis an Baukosten und Zinsentilgung zu erreichen.

Ein weiterer Gesichtspunkt, nach welchem die verschieden hohen Kosten der Heiz- und Kochanlagen der einzelnen Siedlungen bei Vergleich beurteilt werden müssen, ist die Ofenart und Qualität derselben. In den Tabellen 1 mit 6, die sich nur auf Wohnungen mit Einzelzimmerheizungen beziehen, konnte noch keine Unterscheidung gemacht werden, inwieweit es sich bei den angeführten Zahlen um Eisenöfen oder Kachelöfen handelt. Darüber gibt Tabelle 10 Aufschluß. Besonders in den Kosten ist den Erzeugnissen der Eisenofenindustrie ein großer Spielraum gegeben, die je nach Güte, Größe und gestellten Anforderungen zum Ausdruck kommen. So konnten Preise von 25 RM. an für eiserne Rundöfen und Preise von 231 RM. für emaillierte amerikanische Dauerbrandöfen festgestellt werden. Diese Werte sind zwar weit außerhalb der Durchschnittsergebnisse gelegen und als Einzelfälle zu betrachten; sie zeigen aber, in welch weiten Grenzen sich die Kosten für eiserne Öfen bewegen können. Wesentlich mitbestimmend bei Beurteilung abweichend erscheinender Angaben für Öfen ist noch die Tatsache, daß in vielen Fällen in den Zimmern entweder nur Eisenöfen oder nur Kachelöfen vorhanden sind, wodurch die Höhe der Gesamtanlagekosten stark beeinflußt wird.

Schwankungen sind auch bei den Ausgaben für Heiz- und Kochzwecke festzustellen, bedingt durch soziale Verhältnisse, Art der Wohnungsbenützung und örtlich verschieden hohen Brennstoffpreisen. Die Verbrauchszahlen bei Siedlungen mit Einzelzimmerheizung kommen sich nach Mittelwertbildung ziemlich nahe. Innerhalb der Haushaltungen der Siedlungen jedoch ergeben sich vielfach erhebliche Unterschiede, obwohl gleiche klimatische und bauliche Bedingungen vorlagen. Ausschlaggebend ist hier in erster Linie die soziale Frage. Der Wärmebedarf ist beim Besserbemittelten, der ständig oder oft mehrere Wohnräume benützt, ein anderer als beim Minderbemittelten, der sich in seinem Wohnvorgang auf das äußerste beschränkt, um zu sparen; er ist ein anderer für denjenigen, den berufliche Tätigkeit tagsüber länger an die Wohnung bindet als für den Wohnungsbenützer, der erst nach Abschluß

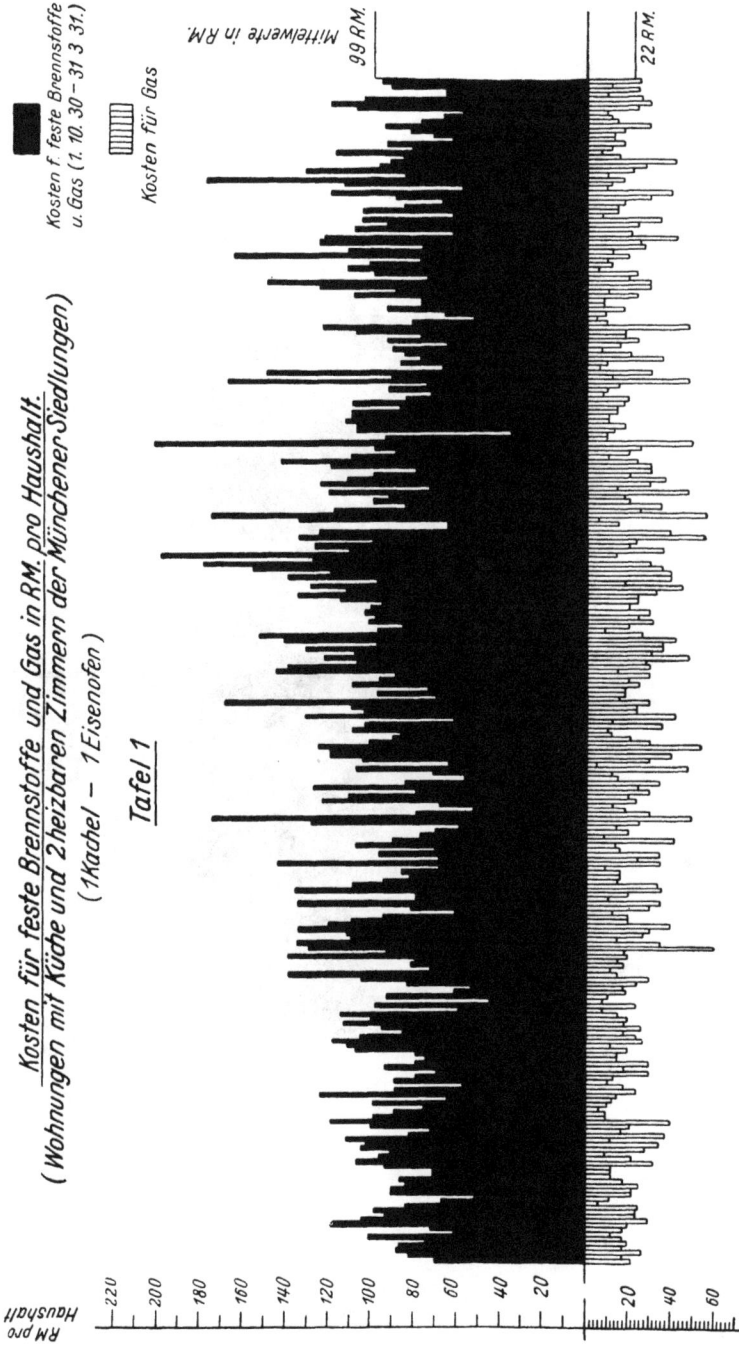

Kosten für feste Brennstoffe und Gas in RM. pro Haushalt.
(Wohnungen mit Küche und 2 heizbaren Zimmern der Münchener Siedlungen)
(1 Kachel — 1 Eisenofen)

Tafel 1

Kosten f. feste Brennstoffe u. Gas (1. 10. 30 — 31 3 31.)

Kosten für Gas

Mittelwerte in RM.

99 R.M.

22 R.M.

RM pro Haushalt

3*

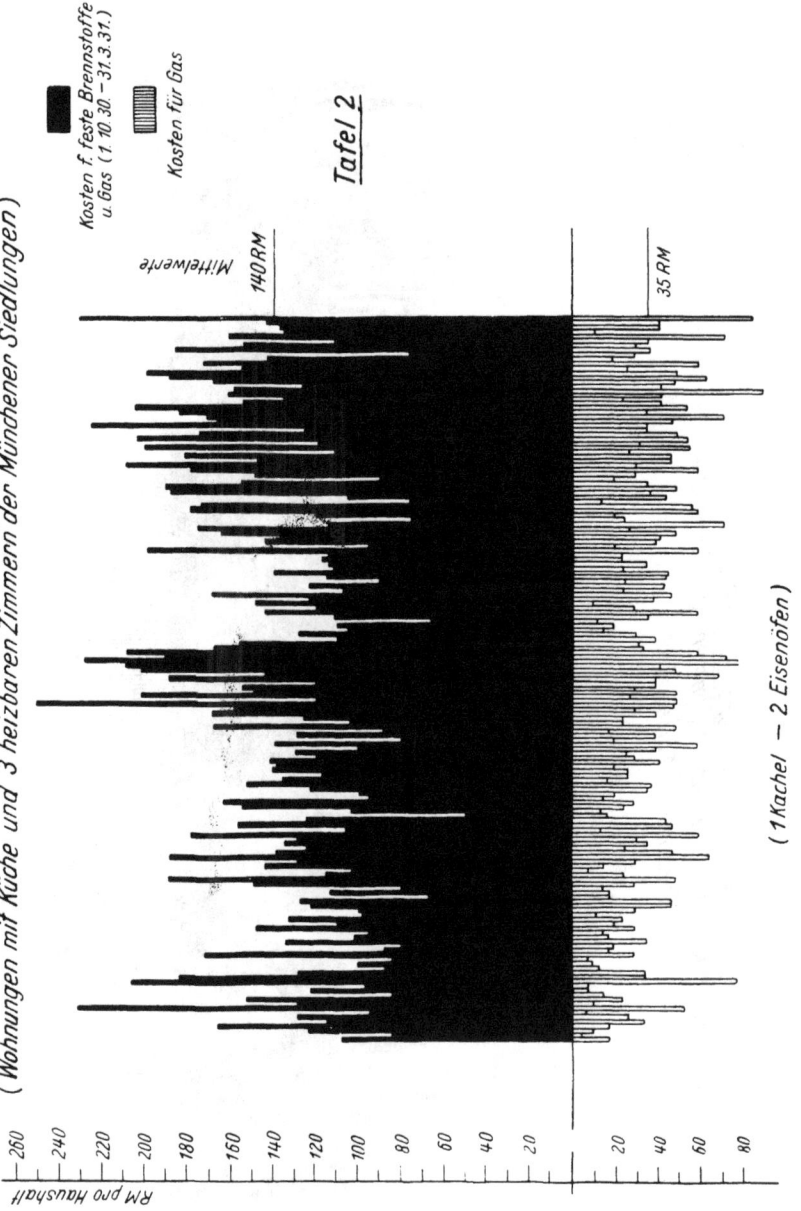

Kosten für feste Brennstoffe und Gas in RM. pro Haushalt.
(Wohnungen mit Küche und 3 heizbaren Zimmern der Münchener Siedlungen)

Kosten f. feste Brennstoffe u. Gas (1. 10. 30. – 31. 3. 31.)

Kosten für Gas

Tafel 2

Mittelwerte

140 RM

35 RM

RM pro Haushalt

( 1 Kachel — 2 Eisenöfen )

der Tagesarbeit in den Genuß seiner Wohnung kommt. Der Wärmebedarf einer kinderreichen Familie bewegt sich in anderen Grenzen
als der eines kinderlosen Ehepaares und gestaltet sich wieder anders
beim sich in Arbeit befindenden Siedlungsbewohner als im Haushalt
eines Erwerbslosen oder Kurzarbeiters. In Tafel 1 und 2 werden diese
Gesichtspunkte veranschaulicht. Beide Bilder stellen die Verbrauchsschwankungen innerhalb Münchner Siedlungen mit Einzelzimmerbeheizung dar. In Tafel 1 sind Wohnungen mit Küche und zwei
Zimmern, in Tafel 2 Wohnungen mit Küche und drei Zimmern zusammengefaßt.

Anzahl der heizbaren Zimmer, Wohnungsgröße, Ofenart, Qualität
und somit Preis der Öfen sowie Verschiedenheit der sozialen Verhältnisse sind die Ursachen der Schwankungen in den Anlage- und Verbrauchskosten. Nur unter besonderer Berücksichtigung derselben können
aus den Tabellen 1 bis 6 schon vergleichende Betrachtungen gemacht
und falsche Schlüsse und Folgerungen vermieden werden. Zu diesem
eigentlichen Zwecke wurden die Ergebnisse der Wohnungen mit Einzelzimmerheizung in Tabelle 10 durch Mittelwertbildung übersichtlich
zusammengestellt, getrennt nach Ofenarten, Wohnungsarten und heizbaren Zimmern. Eine Unterscheidung wurde zu vergleichenden Möglichkeiten zwischen erfaßten und durch Handzettel erhobenen Zahlenwerten
gemacht. Bei „erfaßte Wohnungen" sind durch Mittelwertbildung
zahlenmäßig sämtliche Angaben berücksichtigt worden, soweit mindestens 10% der vorhandenen Wohnungen erfaßt werden konnten, während im anderen Fall nur die tatsächliche Anzahl der durch Handzettel
erhobenen Wohnungen in Rechnung gestellt worden ist. Ein Vergleich
zeigt, daß in beiden Rechnungsarten nur ganz geringe Unterschiede sich
ergaben, daß also beide Anspruch auf Zuverlässigkeit haben. Trotzdem
wurde bei den zusammenfassenden und vergleichenden wirtschaftlichen
Betrachtungen nur letztere angewandt.

Aus Gründen größerer Übersichtlichkeit und besserer Vergleichsbildung wurden außerdem die Ergebnisse der Anlage- und Verbrauchskosten sämtlicher vorgefundenen Heizarten in Tafel 3 mit 9 noch
zeichnerisch in Form von Säulen nach RM./m² Wohnfläche dargestellt,
getrennt nach Wohnungsarten, Beheizungsarten, heizbaren Zimmern
und Ofenarten. Die über den Säulen eingetragenen Zahlen entsprechen
den jeweiligen Nummern der im Verzeichnis aufgeführten und untersuchten Siedlungen, die Breite einer Säule gibt die betreffende Anzahl
der mit Handzettel erhobenen Wohnungen wieder.

Tabelle 10: **Zusammenstellung der Wohnungen mit Einzelzimmerheizung.**

| Wohnungstyp | E.O. = Eisenofen K.O. = Kachelofen | Erfaßte Wohnungen | | | | | | | | | | m. Handzettel erhob. Wohnung. | | |
|---|---|---|---|---|---|---|---|---|---|---|---|---|---|---|
| | | Fläche der Wohnungen in m² | Anlagekosten der Öfen in RM. | Anlagekosten des Herdes in RM. | Gesamtanlagekosten in RM. | Gasantanlagekosten in RM./m² Wohnfl. | Verbrauchskosten für feste Brennst. in RM. | Verbrauchskosten für Gas in RM. | Gesamtverbrauchskosten in RM. | Gesamtverbrauchskosten in RM/m² Wohnfl. | Anzahl d. Wohnungen | Anzahl d. Wohnungen | Gesamtanlagekosten in RM./m² Wohnfl. | Gesamtverbrauchskosten in RM./m² Wohnfl. |
| Küche und 2 Zimmer | 2 E.O. | 53 | 134 | 147 | 281 | 5,30 | 78 | 12 | 90 | 1,70 | 334 | 101 | 5,23 | 1,73 |
| | 2 K.O. | 61 | 246 | 177 | 423 | 6,94 | 77 | 19 | 96 | 1,57 | 760 | 157 | 7,13 | 1,65 |
| | 1 K.O., 1 E.O. | 62 | 228 | 179 | 407 | 6,56 | 65 | 21 | 86 | 1,39 | 3544 | 492 | 6,99 | 1,65 |
| | 1 E.O. | 53 | 57 | 180 | 237 | 4,48 | 78 | 13 | 91 | 1,73 | 1012 | 157 | 4,15 | 1,73 |
| | 1 K.O. | 66 | 160 | 169 | 329 | 4,98 | 87 | 17 | 104 | 1,58 | 343 | 74 | 5,37 | 1,63 |
| Küche und 3 Zimmer | 3 E.O. | 69 | 165 | 151 | 316 | 4,58 | 87 | 26 | 113 | 1,64 | 180 | 35 | 4,45 | 1,66 |
| | 3 K.O. | 92 | 427 | 192 | 619 | 6,72 | 103 | 28 | 131 | 1,42 | 173 | 40 | 6,40 | 1,44 |
| | 2 E.O., 1 K.O. | 78 | 280 | 182 | 462 | 5,92 | 102 | 34 | 136 | 1,75 | 561 | 151 | 5,94 | 1,72 |
| | 2 K.O., 1 E.O. | 80 | 363 | 166 | 529 | 6,62 | 94 | 28 | 122 | 1,53 | 605 | 127 | 7,67 | 1,54 |
| | 2 E.O. | 69 | 91 | 130 | 221 | 3,20 | 85 | 14 | 99 | 1,43 | 789 | 141 | 3,06 | 1,43 |
| | 2 K.O. | 75 | 303 | 158 | 461 | 6,15 | 95 | 30 | 125 | 1,67 | 411 | 94 | 5,84 | 1,73 |
| | 1 K.O., 1 E.O. | 67 | 224 | 163 | 387 | 5,77 | 92 | 24 | 116 | 1,73 | 791 | 166 | 5,61 | 1,67 |
| | 1 E.O. | 66 | 43 | 158 | 201 | 3,04 | 93 | 8 | 101 | 1,53 | 265 | 48 | 3,15 | 1,63 |
| | 1 K.O. | 60 | 140 | 164 | 304 | 5,07 | 88 | 25 | 113 | 1,88 | 210 | 40 | 4,64 | 1,78 |
| Küche und 4 Zimmer | 4 E.O. | 91 | 257 | 166 | 423 | 4,65 | 121 | 30 | 151 | 1,66 | 56 | 13 | 4,70 | 1,75 |
| | 4 K.O. | 113 | 725 | 265 | 990 | 8,76 | 122 | 42 | 164 | 1,45 | 10 | 10 | 8,80 | 1,46 |
| | 3 K.O., 1 E.O. | 107 | 461 | 188 | 649 | 6,06 | 119 | 44 | 163 | 1,52 | 37 | 7 | 5,68 | 1,65 |
| | 2 K.O., 2 E.O. | 86 | 428 | 151 | 579 | 6,73 | 129 | 39 | 168 | 1,95 | 145 | 33 | 6,80 | 1,90 |
| | 3 E.O. | 93 | 139 | 123 | 262 | 2,82 | 83 | 25 | 108 | 1,16 | 60 | 29 | 2,74 | 1,25 |
| | 3 K.O. | 90 | 459 | 152 | 611 | 6,80 | 98 | 15 | 113 | 1,26 | 46 | 36 | 6,51 | 1,26 |
| | 2 E.O., 1 K.O. | 86 | 320 | 149 | 469 | 5,45 | 104 | 31 | 135 | 1,57 | 118 | 39 | 5,08 | 1,34 |
| | 2 K.O., 1 E.O. | 98 | 364 | 187 | 551 | 5,62 | 113 | 44 | 157 | 1,60 | 65 | 26 | 6,64 | 1,65 |
| | 2 E.O. | 77 | 81 | 150 | 231 | 3,00 | 94 | 19 | 113 | 1,47 | 85 | 34 | 2,91 | 1,46 |
| | 1 K.O., 1 E.O. | 81 | 210 | 152 | 362 | 4,47 | 100 | 26 | 126 | 1,56 | 177 | 50 | 5,03 | 1,58 |

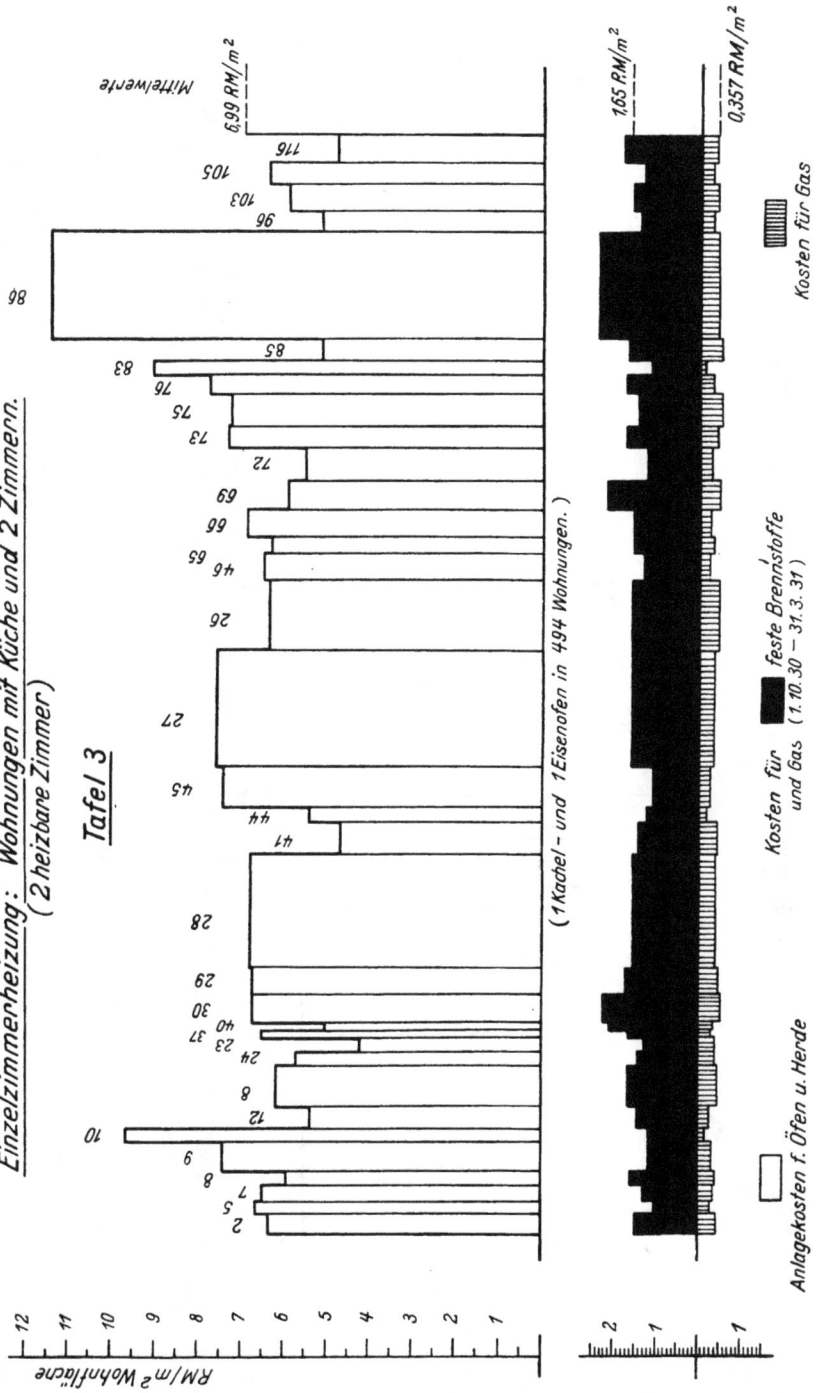

Tafel 3

Einzelzimmerheizung: Wohnungen mit Küche und 2 Zimmern.
(2 heizbare Zimmer)

( 1 Kachel- und 1 Eisenofen in 494 Wohnungen. )

Mittelwerte

6,99 RM/m²

1,65 RM/m²

0,357 RM/m²

Kosten für Gas

Kosten für feste Brennstoffe
und Gas  (1.10.30 — 31.3.31)

Anlagekosten f. Öfen u. Herde

RM/m² Wohnfläche

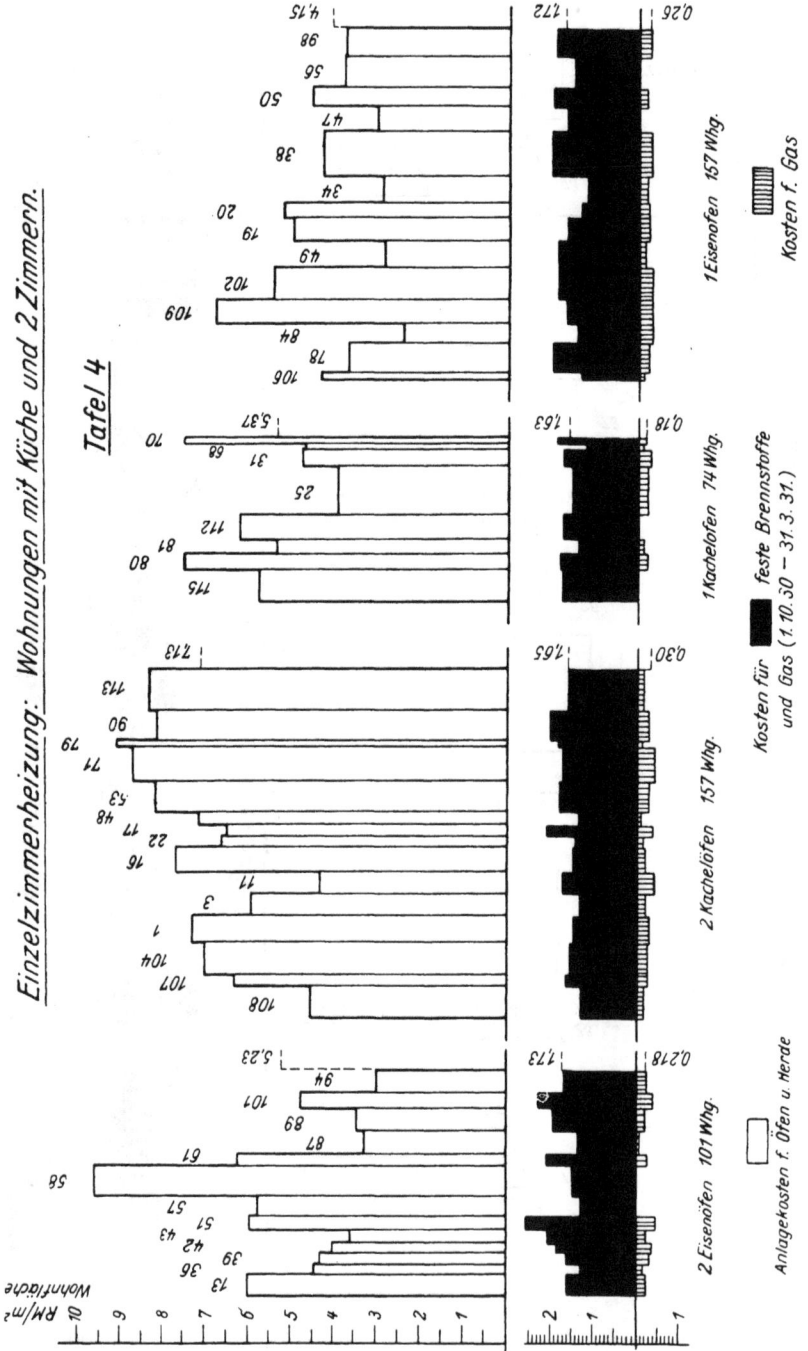

Einzelzimmerheizung: Wohnungen mit Küche und 2 Zimmern.

Tafel 4

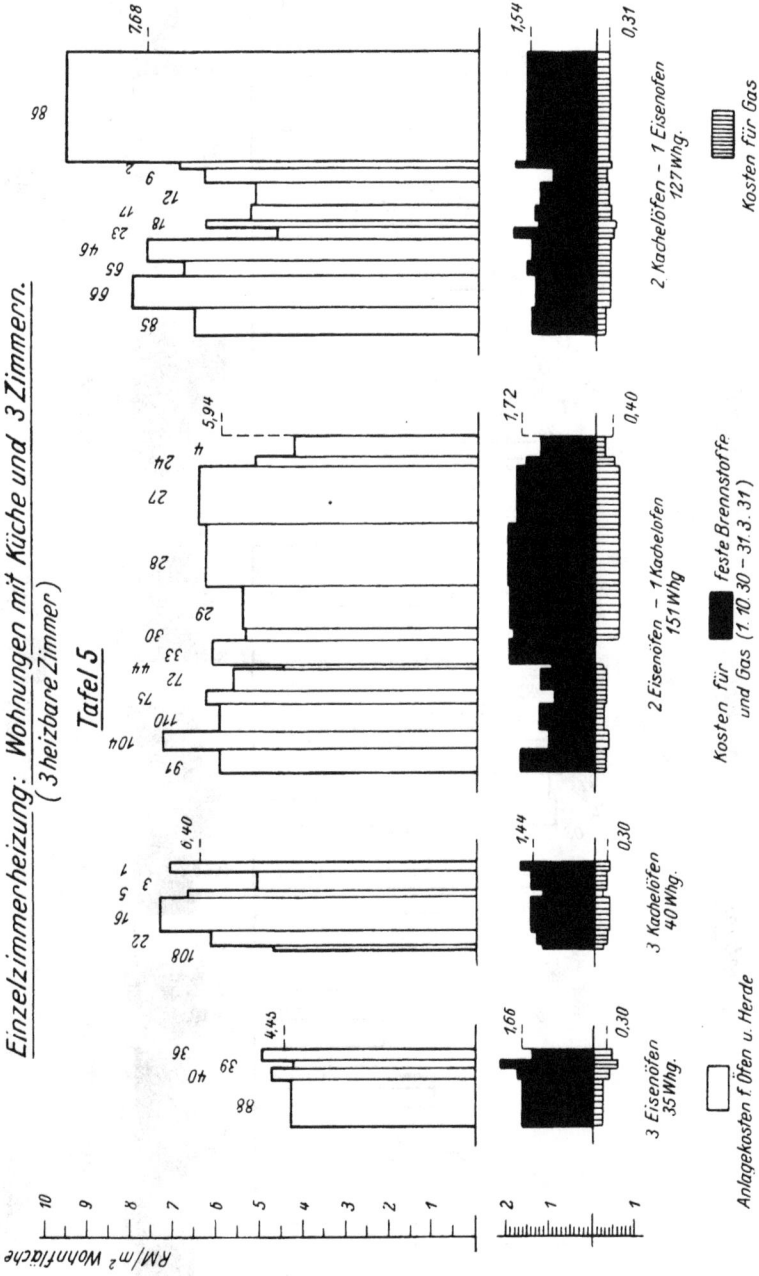

*Einzelzimmerheizung: Wohnungen mit Küche und 3 Zimmern.*
*(3 heizbare Zimmer)*

Tafel 5

Einzelzimmerheizung: Wohnungen mit Küche und 3 Zimmern.

## Tafel 6

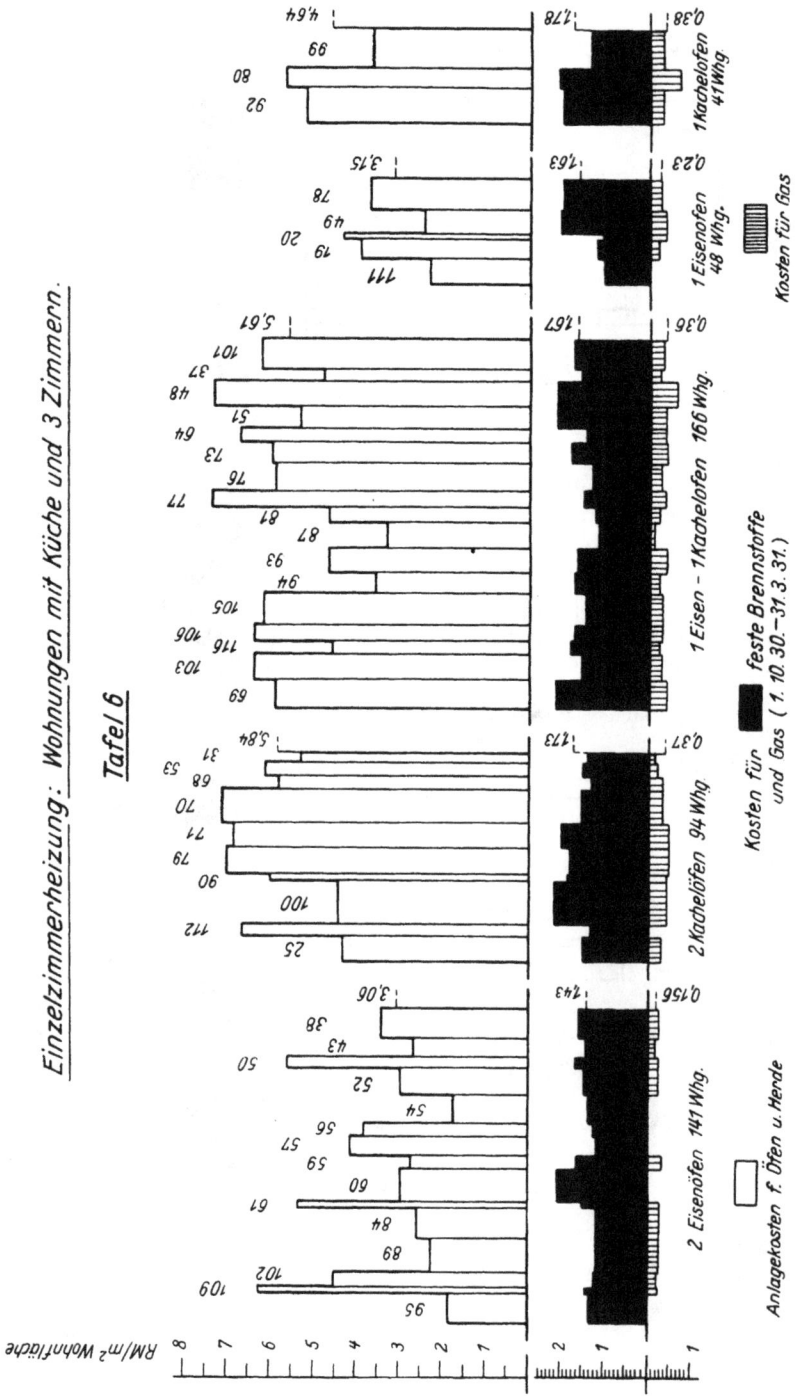

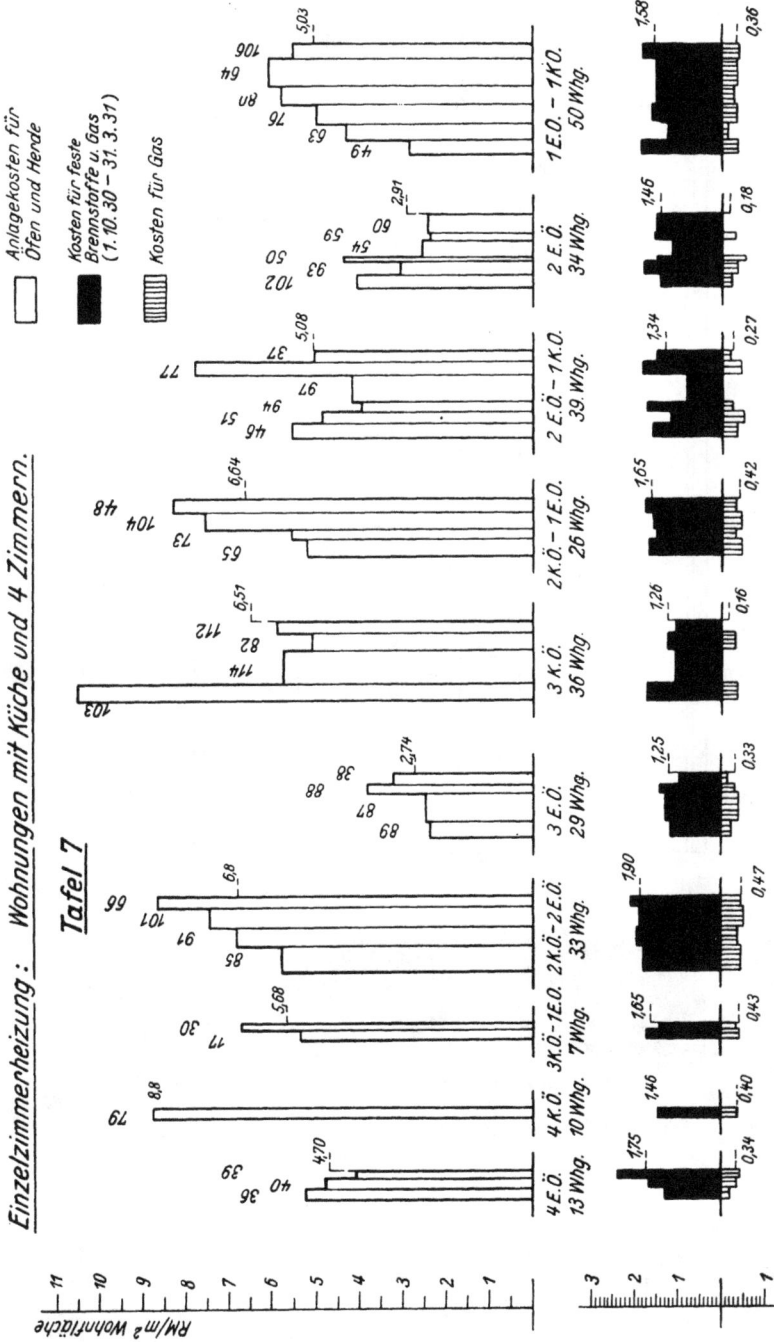

*Einzelzimmerheizung:* Wohnungen mit Küche und 4 Zimmern.

Tafel 7

Anlagekosten für Öfen und Herde

Kosten für feste Brennstoffe u. Gas (1.10.30 – 31.3.31)

Kosten für Gas

K.O. = Kachelofen

E.O. = Eisenofen

## Sammelhausheizungen

### Tafel 8

Küche und 2 Zimmer
85 Whg.

Küche und 3 Zimmer
83 Whg.

Küche und 4 Zimmer
66 Whg.

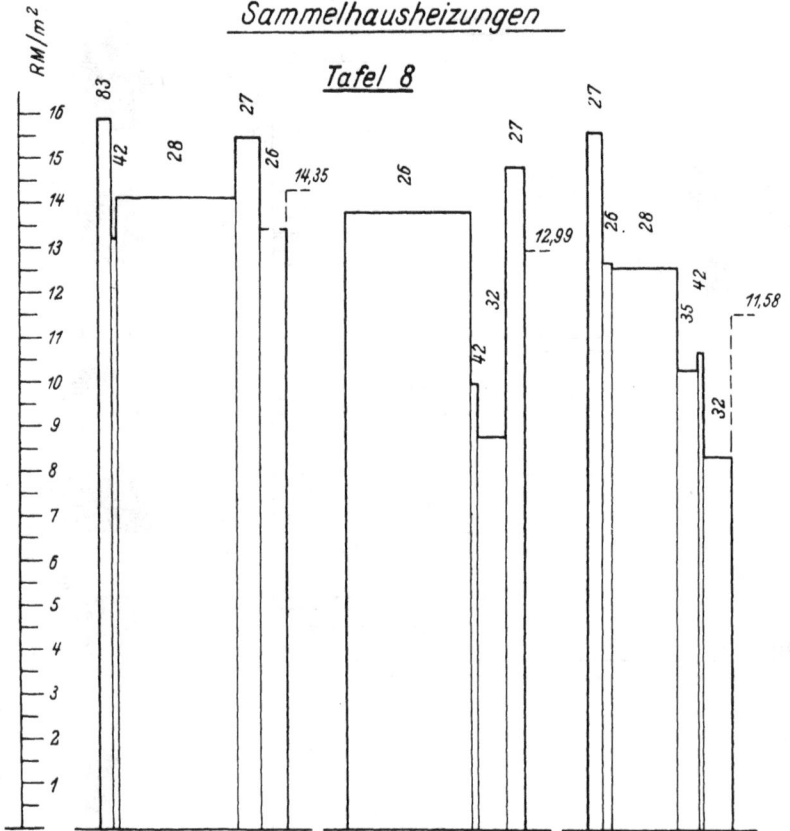

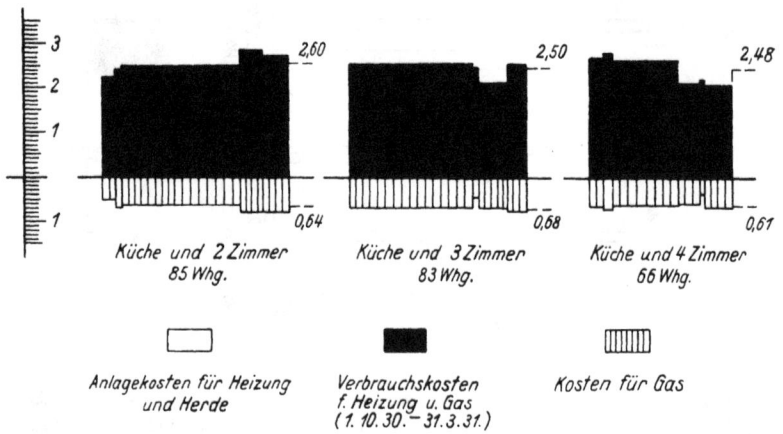

Anlagekosten für Heizung
und Herde

Verbrauchskosten
f. Heizung u. Gas
( 1. 10. 30. — 31. 3. 31.)

Kosten für Gas

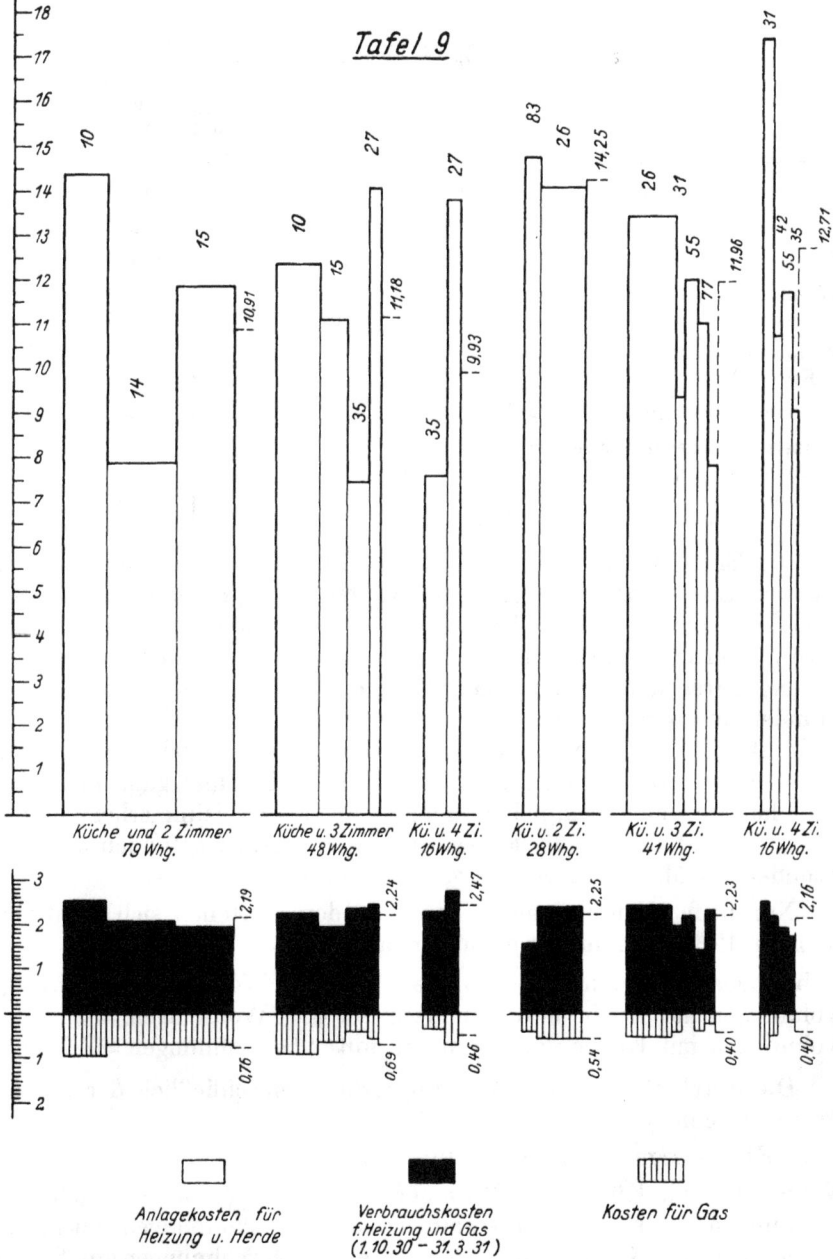

**Sammelblockheizungen**          **Warmwasseretagenheizungen**

Tafel 9

Anlagekosten für
Heizung u. Herde

Verbrauchskosten
f.Heizung und Gas
(1.10.30 – 31.3.31)

Kosten für Gas

Die insgesamt in die Erhebung einbezogenen 12877 Siedlungswohnungen verteilen sich, nach Zwei-, Drei- und Vierzimmerwohnungen
getrennt, auf die vorgefundenen Beheizungsarten bezogen, wie folgt:

Tabelle 11.

| Beheizungsart | Anzahl der Wohnungen nach Typ | | | Anzahl der Wohnungen | % Anteil |
|---|---|---|---|---|---|
| | I | II | III | | |
| | Küche u. 2 Zimmer | Küche u. 3 Zimmer | Küche u. 4 Zimmer | | |
| Einzelzimmerheizung . . . . | 5993 | 3985 | 800 | 10 778 | 83,75 |
| Sammelhausheizung . . . . . | 136 | 130 | 84 | 350 | 2,72 |
| Sammelblockheizung . . . . . | 524 | 171 | 20 | 715 | 5,55 |
| Wohnungsheizung aus Klein-kesseln (Etagenheizung) . . | 119 | 170 | 54 | 343 | 2,66 |
| Wohnungsheizung aus dem Küchenherd . . . . . . . . | 6 | — | 8 | 14 | 0,11 |
| Kachelofenzweizimmerheizung | 581 | — | — | 581 | 4,57 |
| Einzelzimmerheizung m. elektr. Kochherd und Kohlenherd komb. . . . . . . . . . | 78 | 18 | — | 96 | 0,74 |

Die Einzelzimmerheizung nimmt 84,49% aller durch die Statistik
erfaßten Siedlungswohnungen ein, während die Wohnungsheizungen
mit 7,34% und die Sammelheizungen mit 8,27% weit geringeren Anteil
haben. Warmwasserwohnungsheizungen aus Kleinkesseln haben in den
letzten Jahren der Siedlungsbautätigkeit in steigendem Maße Eingang
gefunden und werden mit 2,66% von der Sammelhausheizung mit 2,72%
wenig übertroffen. Die Beheizung der Wohnungen mittels Warmwasser
vom Küchenherd aus fällt prozentual mit 0,11% fast ganz aus. Dagegen hat die Kachelofenmehrzimmerheizung als Zweizimmerheizung mit
4,57% ein verhältnismäßig großes Anwendungsgebiet gefunden und sich
besonders in Münchner Siedlungen eingeführt.

Nur nach Wohnungsarten unterschieden, verteilen sich sämtliche
erfaßten 12877 Siedlungswohnungen auf

Wohnungen mit Küche und 2 Zimmern mit 7437 Wohnungen = 57,75%,
Wohnungen mit Küche und 3 Zimmern mit 4474 Wohnungen = 34,75%,
Wohnungen mit Küche und 4 Zimmern mit  966 Wohnungen =  7,50%.

Die durchschnittlichen Wohnungsgrößen einschließlich der Nebenräume errechneten sich

bei Einzelzimmerheizung für

Wohnungen mit Küche und 2 Zimmern aus 5989 Wohnungen mit 60 m²,
Wohnungen mit Küche und 3 Zimmern aus 3961 Wohnungen mit 72 m²,
Wohnungen mit Küche und 4 Zimmern aus  828 Wohnungen mit 87 m²,

bei Wohnungsheizung für

Wohnungen mit Küche und 2 Zimmern aus 706 Wohnungen mit  68 m²,
Wohnungen mit Küche und 3 Zimmern aus 170 Wohnungen mit  78 m²,
Wohnungen mit Küche und 4 Zimmern aus  62 Wohnungen mit 110 m²,

   bei Sammelheizung für

Wohnungen mit Küche und 2 Zimmern aus 660 Wohnungen mit  65 m²,
Wohnungen mit Küche und 3 Zimmern aus 301 Wohnungen mit  80 m²,
Wohnungen mit Küche und 4 Zimmern aus 100 Wohnungen mit 104 m².

# III. Wirtschaftlicher Teil.

## A. Vergleich der untersuchten Heiz- und Kochanlagen.

Konstruktiv und thermisch haben die Heizsysteme einen hohen
Grad der Vervollkommnung erreicht. Es war im Rahmen der gestellten
Aufgabe nicht die Frage ihrer Wirtschaftlichkeit im technischen Sinne
zu untersuchen, sondern die Frage ihrer Wirtschaftlichkeit im Sinne
der Kostengestaltung für die im Haushalt notwendige Wärme und des
für die Heiz- und Kochanlagen erforderlichen Kapitalaufwandes.

Die Ergebnisse der Untersuchungen sind zu vergleichenden Betrachtungen in den Tabellen 12, 13, 14 zahlenmäßig und in Tafel 10
graphisch nach Heizarten sowie Zwei-, Drei- und Vierzimmerwohnungen
zusammengestellt. Der Aufwand für Heizen und Kochen bezieht sich
auf die Zeit vom 1. Oktober 1930 bis 31. März 1931. Bei den in Siedlungen angewandten Heizsystemen müssen vier Hauptgruppen unterschieden werden.

1. Einzelzimmerheizung: Jeder Raum hat seine eigene Feuerstelle, einen Eisen- oder Kachelofen.
2. Wohnungsheizung: Alle Räume werden von einer wohnungseigenen Heizanlage mit Wärme versorgt.
3. Sammelhausheizung: Sämtliche Wohnungen eines Hauses sind
   an eine Kesselanlage angeschlossen.
4. Sammelblockheizung: Mehrere Häuser sind an eine Zentral-
   kesselanlage mit mehreren Kesseln angeschlossen.

In den Vergleich wurden nur solche Wohnungen gezogen, bei denen
sämtliche zur Verfügung stehenden Räume mit Heizmöglichkeiten versehen sind. Bei Wohnungen mit Einzelzimmerheizung sind zwar sämtliche Zimmer heizbar ausgestattet, werden jedoch nur nach Bedarf beheizt, im Gegensatz zu Wohnungen mit Sammelhaus- und Sammelblockheizanlagen bei ständig zur Verfügung stehender Heizwärme. Für
den theoretischen Vergleich erscheint dies ungerecht, vom Standpunkte

der Wirtschaftlichkeit aus jedoch vollauf gerechtfertigt. Der Verbrauch an festen Brennstoffen und Gas für Heiz- und Kochzwecke würde bei Einzelzimmerheizung in seinem Ausmaße viel größer sein, wenn, wie im Falle der zentral mit Wärme versorgten Wohnungen, mehrere oder alle Räume tage- und monatelang in Betrieb gehalten würden. Das Interesse am Sparen erzwingt bei Einzelzimmerheizung eine Beschränkung im Heizen gegenüber Sammelheizungen, bei welchen durch Festlegen einer pauschalen Heizkostenumlage dem Mieter die Möglichkeit genommen ist, durch Einschränkungen im Heizbedarf eine Minderung der Kosten erwirken zu können.

Bei den Anlage- und Verbrauchskosten der Heizanlagen müssen noch die Wohnungsgrößen besondere Berücksichtigung finden, da mit der Größe eines Zimmers oder der Wohnung sich zwangsläufig eine größere Dimensionierung der Anlage und erhöhter Verbrauch ergeben. Wie durchgeführte Berechnungen zeigen, sind in den Wohnungsgrößen wesentliche Unterschiede vorhanden. Es errechneten sich für Zwei-, Drei- und Vierzimmerwohnungen folgende Größen:

Einzelzimmerheizungen . . . . . 60 m²,     72 m²,     87 m².
Wohnungsheizungen . . . . . . 68 „     78 „     110 „
Sammelheizungen . . . . . . . 65 „     80 „     104 „

Die durch die Wohnungsgrößen mehr oder weniger hoch bedingten Anlagekosten der Heizeinrichtungen sowie die Kosten für Heizen und Kochen sind zwar in den Tabellen 12, 13 und 14 auch in Reichsmark ausgedrückt, nicht aber in den zusammenfassenden Darstellungen der Tafel 10, in welcher nur auf m² Wohnfläche Bezug genommen ist. Bei vergleichenden Schlußfolgerungen hieraus müssen unbedingt auch die Kosten pro Haushaltung aus den Tabellen berücksichtigt werden, da die Verschiedenartigkeit der Wohnungsgrößen bei Einzelzimmerheizungen, Wohnungsheizungen und Sammelheizungen einen nicht unwesentlichen Einfluß auf die Kostengestaltung pro m² Wohnfläche hat. In folgenden Darstellungen konnten solche einzelbeheizte Siedlungswohnungen nicht berücksichtigt werden, deren Räume nur teilweise heizbar ausgestattet sind. Dies trifft auch für die Wohnungen zu, welche in der Küche neben dem Kochherd noch einen elektrischen Zusatzherd besitzen, da die vorgefundenen Zwei- und Dreizimmerwohnungen dieser Beheizungsart nur 1 bzw. 2 heizbare Zimmer haben.

Die Sammelhausheizung ist bei den in Siedlungen hauptsächlich vorkommenden Zwei- und Dreizimmerwohnungen nach Anlagekosten mit RM. 14,35 bzw. RM. 12,99 pro m² Wohnfläche die teuerste Beheizungsart, da für die 6 bis 8 Wohnungen eines Hauses jeweils eine eigene Kesselanlage mit vorschriftsmäßig unterkellerten Heiz- und Nebenräumen erstellt werden muß, im Gegensatz zu den Sammelblockheizungen mit RM. 10,91 bzw. 11,86 pro m², wo die Heizanlage zwar eine

Tabelle 12: **Wohnungen mit Küche und 2 Zimmern.**

| Art der Beheizung | E.O. = Eisenofen K.O. = Kachelofen | Erfaßte Wohnungen | | | | | | | | | | Durch Handzettel erhobene Wohnungen | | | |
|---|---|---|---|---|---|---|---|---|---|---|---|---|---|---|---|
| | | Fläche der Wohnung in m² | Anlagekosten für Öfen u. Heizanlagen in RM. | Anlagekosten für Herde in RM. | Gesamtanlagekosten in RM. | Gesamtanlagekosten in RM./m² Wohnfläche | Verbrauch für feste Brennstoffe und Heizumlage in RM. | Verbrauchskosten für Gas in RM. | Gesamtverbrauchskosten in RM. | Gesamtverbrauchskosten in RM./m² Wohnfläche | Anzahl d. Wohnungen | Anzahl d. Wohnungen | Prozent-Anteil a. d. vorh. Wohnungen | Gesamtanlagekosten in RM./m² Wohnfläche | Gesamtverbrauchskosten in RM./m² Wohnfläche |
| Einzelzimmerheizung | 2 E.O. . . . . . . . . | 53 | 134 | 147 | 281 | 5,30 | 78 | 12 | 90 | 1,70 | 334 | 101 | 30% | 5,23 | 1,73 |
| | 2 K.O. . . . . . . . . | 61 | 246 | 177 | 423 | 6,94 | 77 | 19 | 96 | 1,57 | 760 | 157 | 21% | 7,13 | 1,65 |
| | 1 K.O. — 1 E.O. . | 62 | 228 | 179 | 407 | 6,56 | 65 | 21 | 86 | 1,39 | 3544 | 492 | 14% | 6,99 | 1,64 |
| Wohnungsheizung | Kachelofenzweizimmerheizung . . . . . . | 68 | 210 | 200 | 410 | 6,00 | 95 | 33 | 128 | 1,88 | 581 | 79 | 14% | 6,45 | 1,82 |
| | Etagenheizung aus Kleinkesseln . . . . . . | 69 | 828 | 128 | 956 | 13,85 | 123 | 36 | 159 | 2,30 | 119 | 28 | 24% | 14,25 | 2,25 |
| | Etagenheizung aus Küchenherden . . . . . . | 60 | 955 | — | 955 | 15,91 | 95 | 33 | 128 | 2,13 | 6 | 6 | 100% | 15,91 | 2,13 |
| Sammelheizung | Sammelhausheizung . . . . | 62 | 751 | 130 | 881 | 14,21 | 121 | 40 | 161 | 2,59 | 136 | 85 | 63% | 14,35 | 2,60 |
| | Sammelblockheizung . . . | 65 | 775 | 125 | 900 | 13,84 | 112 | 42 | 154 | 2,37 | 524 | 79 | 15% | 10,91 | 2,19 |

Tabelle 13: **Wohnungen mit Küche und 3 Zimmern.**

| Art der Beheizung (E.O. = Eisenofen, K.O. = Kachelofen) | Erfaßte Wohnungen | | | | | | | | | | Durch Handzettel erhobene Wohnungen | | | |
|---|---|---|---|---|---|---|---|---|---|---|---|---|---|---|
| | Fläche der Wohnung in m² | Anlagekosten für Öfen u. Heizanlagen in RM. | Anlagekosten für Herde in RM. | Gesamtanlagekosten in RM. | Gesamtanlagekosten in RM./m² Wohnfläche | Verbrauch für feste Brennstoffe und Heizumlage in RM. | Verbrauchskosten für Gas in RM. | Gesamtverbrauchskosten in RM. | Gesamtverbrauchskosten in RM./m² Wohnfläche | Anzahl d. Wohnungen | Anzahl d. Wohnungen | Prozent-Anteil a. d. vorh. Wohnungen | Gesamtanlagekosten in RM./m² Wohnfläche | Gesamtverbrauchskosten in RM./m² Wohnfläche |
| **Einzelzimmerheizung** | | | | | | | | | | | | | | |
| 3 E.O. . . . . . . . . . | 69 | 165 | 151 | 316 | 4,58 | 87 | 26 | 113 | 1,64 | 180 | 35 | 19% | 4,45 | 1,66 |
| 3 K.O. . . . . . . . . . | 92 | 427 | 192 | 619 | 6,72 | 103 | 28 | 131 | 1,42 | 173 | 40 | 23% | 6,40 | 1,44 |
| 2 E.O. — 1 K.O. . . . . . | 78 | 280 | 182 | 462 | 5,92 | 102 | 34 | 136 | 1,75 | 561 | 151 | 27% | 5,94 | 1,72 |
| 2 K.O. — 1 E.O. . . . . . | 80 | 363 | 166 | 529 | 6,62 | 94 | 28 | 122 | 1,53 | 605 | 127 | 21% | 7,67 | 1,54 |
| **Wohnungsheizung** | | | | | | | | | | | | | | |
| Etagenheizung aus Kleinkesseln . . . . . . | 78 | 857 | 139 | 996 | 12,77 | 140 | 33 | 173 | 2,22 | 170 | 41 | 24% | 11,96 | 2,22 |
| **Sammelheizung** | | | | | | | | | | | | | | |
| Sammelhausheizung . . . | 86 | 936 | 126 | 1062 | 12,35 | 159 | 58 | 217 | 2,52 | 130 | 83 | 64% | 12,99 | 2,50 |
| Sammelblockheizung . . . | 76 | 772 | 123 | 895 | 11,77 | 109 | 61 | 170 | 2,24 | 171 | 48 | 28% | 11,86 | 2,24 |

Tabelle 14: **Wohnungen mit Küche und 4 Zimmern.**

| Art der Beheizung | | Erfaßte Wohnungen | | | | | | | | | Durch Handzettel erhobene Wohnungen | | | | |
|---|---|---|---|---|---|---|---|---|---|---|---|---|---|---|---|
| E.O. = Eisenofen<br>K.O. = Kachelofen | | Fläche der Wohnung in m² | Anlagekosten für Öfen u. Heizanlagen in RM. | Anlagekosten für Herde in RM. | Gesamtanlagekosten in RM. | Gesamtanlagekosten in RM./m² Wohnfläche | Verbrauch für feste Brennstoffe und Heizumlage in RM. | Verbrauchskosten für Gas in RM. | Gesamtverbrauchskosten in RM. | Gesamtverbrauchskosten in RM. Wohnfläche | Anzahl d. Wohnungen | Anzahl d. Wohnungen | Prozent-Anteil a. d. vorh. Wohnungen | Gesamtanlagekosten in RM./m² Wohnfläche | Gesamtverbrauchskosten in RM./m² Wohnfläche |
| Einzelzimmerheizung | 4 E.O. | 91 | 257 | 166 | 423 | 4,65 | 121 | 30 | 151 | 1,66 | 56 | 13 | 23% | 4,70 | 1,75 |
| | 4 K.O. | 113 | 725 | 265 | 990 | 8,76 | 122 | 42 | 164 | 1,45 | 10 | 10 | 100% | 8,80 | 1,46 |
| | 3 K.O. — 1 E.O. | 107 | 461 | 188 | 649 | 6,06 | 119 | 44 | 163 | 1,52 | 38 | 7 | 18% | 5,68 | 1,65 |
| | 2 K.O. — 2 E.O. | 86 | 428 | 151 | 579 | 6,73 | 129 | 39 | 168 | 1,95 | 145 | 33 | 23% | 6,80 | 1,90 |
| Wohnungsheizung | aus Kleinkesseln | 111 | 1124 | 160 | 1284 | 11,56 | 193 | 47 | 240 | 2,16 | 54 | 16 | 29% | 12,70 | 2,16 |
| | aus Küchenherden | 106 | 1100 | — | 1100 | 10,38 | 165 | 60 | 225 | 2,12 | 8 | 2 | 25% | 10,38 | 2,12 |
| Sammelheizung | Sammelhausheizung | 103 | 1023 | 137 | 1160 | 11,26 | 166 | 63 | 229 | 2,22 | 84 | 66 | 79% | 11,58 | 2,48 |
| | Sammelblockheizung | 113 | 897 | 183 | 1080 | 9,56 | 226 | 49 | 275 | 2,43 | 20 | 16 | 80% | 9,93 | 2,46 |

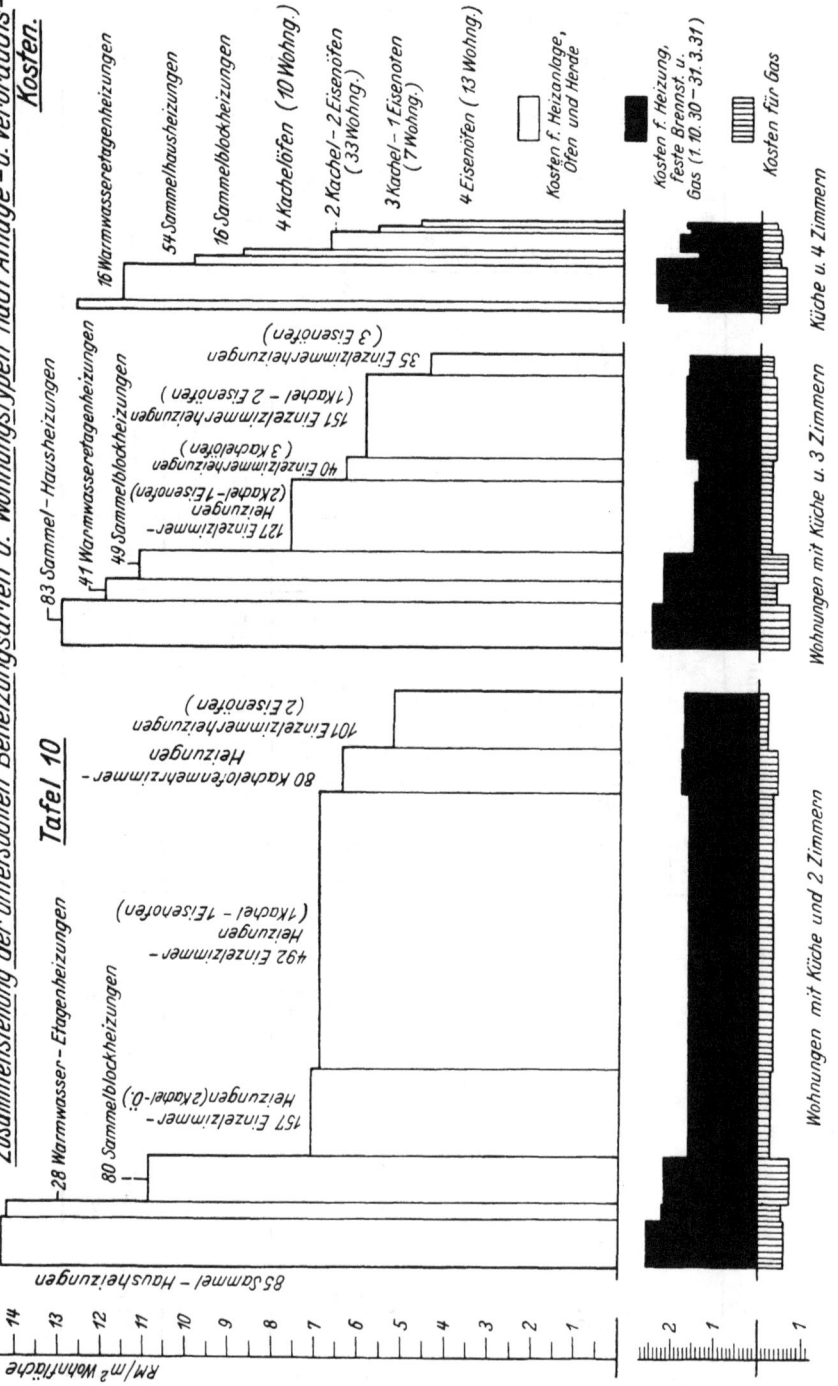

Zusammenstellung der untersuchten Beheizungsarten u. Wohnungstypen nach Anlage- u. Verbrauchs-Kosten.

Tafel 10

größere Dimensionierung erfordert, durch eine Aufstellung auf eine größere Anzahl von Wohnungen aber geringer zu stehen kommt. Die Wärmekosten erfordern bei Sammelhausheizungen Umlagen von RM. 2,60 bzw. 2,50 pro m² gegenüber RM. 2,19 bzw. 2,24 pro m² bei Sammelblockheizungen, bedingt durch zentralisierte Bedienung, Beschickung und Instandhaltung sowie Staffelung in mehrere Kesseleinheiten und somit besserer Ausnützung.

Die Warmwasseretagen- oder Stockwerksheizung, auf Anlagekosten der Zwei- und Dreizimmerwohnungen bezogen, ist mit RM. 14,25 bzw. 11,96 pro m² die nächst teuerste. Die hohen Erstellungskosten müssen damit begründet werden, daß für jeden Haushalt ein eigener Heizkessel mit großen Rohrleitungen für Vor- und Rücklauf erstellt werden muß. Bei dieser Beheizungsart wird durchwegs noch eine monatliche Sonderumlage von 5 bis 6 Pf. pro m² Wohnfläche erhoben, um Amortisation, Zinsentilgung und oft vorkommende Ausbesserungsarbeiten zu decken. Für Zwei- und Dreizimmerwohnungen mit einer durchschnittlichen Größe von 68 und 78 m² ist eine Mehrbelastung von jährlich RM. 45,— bzw. 52,— wirtschaftlich von ausschlaggebender Bedeutung. Im Verbrauch von RM. 2,25 bzw. 2,22 pro m² ist gegenüber den mit Sammelhausheizung ausgestatteten Wohnungen zwar schon eine Minderung zu verzeichnen, muß aber in Anbetracht des Vorteils der Anpassungsfähigkeit an Verhältnisse und Bedarf noch hoch bezeichnet werden.

Einen nicht unwesentlichen Einfluß auf die Verbrauchskosten hat bei Sammelheizungen und Warmwasserwohnungsheizungen die Tatsache, daß der ganze Kochbedarf mittels Gas gedeckt werden muß. Die festgestellten Zahlen über den Gasverbrauch zeigen bei Vergleich, daß bei Wohnungen mit reiner Gasküche derselbe doppelt so hoch ist als bei einzelbeheizten Wohnungen mit kombiniertem Herd in der Küche. Der hohe Gasverbrauch ist bei den immer noch zu hoch empfundenen Gaspreisen von großer Bedeutung, trotz der nicht unwesentlichen Staffelung des Gaspreises nach monatlich verbrauchten Kubikmetern und Wohnungsgröße gegenüber Wohnungen mit Gas-Kohlenherden, denen der Vorteil dieses billigeren Gasbezugs nicht zuteil wird.

Bei Zweizimmerwohnungen mit Einzelbeheizung stehen die Anlagekosten für Öfen und Herde, zu einem Mittelwert zusammengefaßt, im Verhältnis von 1:2,1 zur Sammelhaus- und Warmwasseretagenheizung und von 1:1,6 zur Sammelblockheizung. Durch die Wahl der Ofenart sowie der Qualität sind bei Einzelheizungen große Preisunterschiede bedingt, die auf den m² Wohnfläche bezogen nicht mehr so auffallend in Erscheinung treten, da notwendige Einsparmaßnahmen bei Siedlungsbauten nicht nur im geringeren Anlagekapital für Heizeinrichtungen, sondern auch in kleinsten Wohnungsausmaßen sich ausdrücken. Die Kosten für feste Brennstoffe und Gas bewegen sich bei Zweizimmerwohnungen, auf den m² Wohnfläche bezogen, in ziemlich gleichbleibender Höhe, eine Auswirkung gleicher Wohnungsbenützung. Durchwegs wird die Küche als Wohnküche benützt und nur bei besonderen Anlässen ein weiterer Raum beheizt. Die Verbrauchszahlen bei Einzelzimmerheizungen verhalten sich zu denen der Sammelhausheizung, Warmwasseretagenheizung und Sammelblockheizung wie 1:1,58:1,36:1,33. Eine Unterscheidung nach Verbrauch für feste Brennstoffe bei Eisen- oder Kachelofenbeheizung der Zimmer konnte aus den Ergebnissen nicht abgeleitet werden, da die mit diesen Ofenarten ausgestatteten Siedlungswohnungen nur selten zur Zimmerbeheizung benützt werden und die festgestellten Verbrauchszahlen sich hauptsächlich auf Kochbedarf und Küchenraumerwärmung beziehen.

Die Anlagekosten für Öfen und Herde bei den voll heizbar ausgestatteten Dreizimmerwohnungen ergeben, zusammengefaßt und verglichen mit den gleichen Wohnungsarten der Sammelhaus-, Warmwasseretagen- und Sammelblockheizungen, ein Verhältnis von 1:2,00:1,85:1,83 pro m² Wohnfläche. Die jeweiligen Kosten dieser Heizarten für Brennstoffe, Gas und Heizung verhalten sich wie 1:1,54:1,37:1,38 pro m². Auch bei den einzelbeheizten Dreizimmerwohnungen spielt sich noch das Familienleben zum größten Teil des Jahres in der Küche ab, weshalb auch hier der Verbrauch für Brennstoffe hauptsächlich auf Kochen und Beheizung der Küche entfällt.

Siedlungswohnungen mit Küche und 4 Zimmern sind im Verhältnis zu anderen Wohnungsarten wenig gebaut worden und entsprechen auch nicht der sozialen Schichtung der Bewohner.

# B. Wirtschaftliche Betrachtungen der untersuchten Heiz- und Kochanlagen.

## 1. Sammelheizung.

Im letzten Jahrzehnt der Siedlungsbautätigkeit ist man zur Anwendung von Sammelheizungen mit der Hoffnung geschritten, daß keine erheblichen Mehrkosten in der Lebenshaltung der Bewohner entstehen. Die Erfahrungen haben aber gezeigt und die Untersuchungsergebnisse vorliegender Arbeit bestätigen, daß die mit diesem Heizsystem verbundenen Nebenausgaben bei einem Großteil der meistens minderbemittelten Schichten der Siedlungsbewohner Einschränkungen in ihren Lebensbedingungen zur Folge haben müssen. Die hohen Ausgaben für die Betriebsunterhaltung haben deshalb schon manche Siedlungsgesellschaft bewogen, die vorwiegend nach dem Kriege eingeführte Sammelheizung zu verlassen und bei Erstellung von Neubauten wieder zur Einzelzimmerheizung zurückzukehren. Mit Sammelheizungen sind zweifellos Vorteile und Bequemlichkeiten verbunden, wie Fortfall der Bedienung von Feuerstellen, Einfachheit der Bedienung und Sauberkeit des Betriebes, geringe Platzbeanspruchung der Heizkörper sowie ständiges Zurverfügungstehen von Wärme während der Heizzeit. Diese Annehmlichkeiten aber müssen erkauft werden. Sammelheizungen sind bei großen, fünf- bis sechsräumigen Wohnungen angebracht, deren Mieter Wert auf gewisse Bequemlichkeiten legen und die das Bedürfnis haben, mehrere Zimmer ständig beheizt zu unterhalten. Wenn hier eine Arbeitsersparnis in der Bedienung und Entlastung der Hausfrau und des Personals gegeben ist, so lassen sich diese Vorteile nicht ohne weiteres auf Mieter von Siedlungswohnungen übertragen. Die Hausfrau ist hier gezwungen, ohne fremde Hilfe sämtliche Arbeiten zu verrichten, gleichgültig, ob ein weiteres Zimmer beheizt wird oder nicht und ob die Verrichtung ihrer häuslichen Arbeiten um eine Stunde früher oder später beendet ist; für sie bedeutet eine Arbeitsersparnis in der Beheizung sicher auch eine Annehmlichkeit, andererseits aber auch eine Mehrbelastung ihres Haushaltgeldes.

Mit Sammelheizanlagen in Siedlungen kam die Mühe und Arbeit sparende Gasküche zur Einführung. So sehr ihre Vorzüge zu würdigen sind, wie angenehme und leichte Bedienung, äußerste Reinlichkeit neben steter Gebrauchsbereitschaft, Fortfall der Stapelung und des Transportes von Brennstoffen sowie beste Regelung der Wärme, ihrem Anwendungsgebiet sind in Siedlungswohnungen durch wirtschaftliche und soziale Verhältnisse Grenzen gesetzt. Die Untersuchung hat ergeben, daß bei zentralbeheizten Zwei- und Dreizimmerwohnungen die Küche ständiger Aufenthaltsraum ist. Mit dieser Feststellung wird die Forderung nach einem kombinierten Kohlen-Gasherd in der Küche begründet. Neben gleichzeitiger Wärmeausnützung zu Koch- und Heizzwecken während der Winterheizperiode ist einerseits noch die Möglichkeit gegeben, an kalten Tagen der Übergangsmonate zu heizen, an welchen des öfteren die Gemeinschaftsheizung noch nicht im Betrieb oder schon abgestellt ist, andererseits können in wärmeren Zeiten, wo eine Küchenraumheizung nicht erforderlich und erwünscht ist, die Vorzüge des Gases allein voll ausgenützt werden. Der Wegfall eines eigenen Heizkörpers zur Küchenraumerwärmung und somit verminderte Anlagekosten der Heizanlage wird durch den evtl. höheren Anschaffungspreis ausgeglichen. Gerade bei den neueren Herdmodellen ist durch den gleichzeitigen Einbau eines Gasbrat- und -backrohres Gelegenheit gegeben, je nach Bedarf nur mit Gas zu braten und zu backen, wodurch in warmer Jahreszeit ein lästiges Überwärmen der Küche vermieden wird.

Die Sammelheizungen werden als Gemeinschaftsanlagen bezeichnet, weil der einzelne Wohnungsinhaber in seinen Ausgaben für die erforderliche Wärme durch Umlegen der gesamten Heiz- und Nebenkosten auf die angeschlossenen Haushaltungen an Ansprüche und Verbrauch anderer Parteien gebunden ist. Dieses bedingte Abhängigkeitsverhältnis bringt viele Unannehmlichkeiten bei der Verteilung der Heizumlage mit sich, da jeder Mieter dem anderen gegenüber sich benachteiligt fühlt. Die Lage der Wohnung im Haus, wirtschaftliche und soziale Verhältnisse sind Quellen beträchtlicher Unterschiede im Wärmebedarf und Wärmebezug. Der Heimarbeiter, der Arbeitslose oder eine große Familie nützt die zentrale Wärmeversorgung in einem ganz anderen Maße aus als der beruflich auswärts Tätige oder eine kleine Familie. Diese Tatsache drückt sich in der Umlegung der Heizkosten nicht aus und muß daher als Härte empfunden werden. Auch Wort und Begriff der Heizungsgemeinschaft sind der Mehrzahl der Mieter oft unbekannt und ziemlich gleichgültig. Der vielfach festgestellte Mangel an Gemeinschaftssinn führt zur Verschleuderung kostbarer Wärme und damit zur Verteuerung derselben. Durch das Festsetzen einer Heizkostenpauschale oder das Aufteilen der Kosten nach m² Wohnfläche und Berechnung nach Schlüsselzahlen entfällt für den Wärmeabnehmer jeder Anreiz zu sparen. Er hat den Pauschalbetrag auf alle Fälle zu zahlen und schränkt sich deshalb im Wärmeverbrauch durch vernünftiges Heizen nicht ein, weil die Vorteile der Einschränkung nicht ihm allein, sondern auch seinen Mitmietern zugute kommen.

Man hat auf verschiedene Weise versucht, den Schwierigkeiten einer gerechten Verteilung der Heizkosten zu begegnen. Der Einbau von Wärmezählern wäre wohl die einfachste Lösung, bedeutet jedoch eine wesentliche Verteuerung der Heizanlage, da für derartig kleine Verhältnisse die Abschreibungsbeträge zu hoch sind. Erfolgt die Verteilung, wie meistens üblich, nach Größe der Wohnfläche, also Aufteilen nach m², so bezahlen die Mieter gleicher Wohnungsgrößen gleiche Anteile an den Heizungskosten. Der im 1. Stock Wohnende trägt also einen Teil der Mehrkosten für die in stärkerem Maße mit Wärmeverlusten belastete Wohnung im Obergeschoß. Da die Mietpreise wieder in den einzelnen Stockwerken verschieden sind, kann durch Staffelung der Heizkostenberechnung nur einigermaßen ein Ausgleich geschaffen werden, eine gerechte Lösung ist aber damit noch nicht gewährleistet, weil der Unterschied zwischen den Mietpreisen nicht dem größeren Wärmebedarf gleichkommt. Auch die Berechnung der Heizumlage nach Größe der Heizkörperflächen schließt Ungerechtigkeiten in sich, da die im Erdgeschoß über kalten Kellerräumen liegenden, sowie die in den oberen Stockwerken an Dachräume anschließenden Wohnungen bedeutend mehr Heizflächen zur Wärmebedarfsdeckung benötigen als dazwischenliegende.

Das Fehlen einer genauen Kontrolle über den Wärmeverbrauch des einzelnen Haushaltes mit zentraler Wärmeversorgung bedingt eine überschlägige, nicht der jeweiligen Entnahme entsprechende Pauschalberechnung und führt somit leicht zur Vergeudung von Wärme. So wurde im Verlaufe der Untersuchungen festgestellt, daß vielfach Mieter aus Interesselosigkeit bei Kälte mit geöffneten Fenstern und Heizkörpern den Raum bzw. die Umgebung heizten und auch aus Nachlässigkeit und Bequemlichkeit es oft unterließen, die zur Verfügung stehenden Doppelfenster trotz Vorschrift einzuhängen. Man hat den Versuch gemacht, durch Aufstellen von Heizobmännern eine Minderung der Heizkosten zu erreichen, eine Maßnahme, die zum Teil die gehegten Erwartungen erfüllte. Den Heizobmännern oblag die Überwachung des Heizbetriebes sowie die Aufgabe, die an die Heizung angeschlossenen Mieter durch Verständigung zu gegenseitiger Rücksichtnahme und größter Sparsamkeit zu erziehen. Eine völlige Gerechtigkeit zwischen Leistung und Gegenleistung läßt sich bei einer Sammelheizung wohl nie erreichen und dies ist ein Hauptgrund für die Ablehnung dieses Heizsystems besonders für Siedlungswohnungen.

## 2. Wohnungsheizung.

Der Mangel an Anpassungsfähigkeit an Bedarf und Verhältnisse bei Sammelhaus- und Sammelblockheizungen sowie die Abhängigkeit von einem gemeinsamen Heizbetrieb mit der damit verbundenen und oft ungerecht empfundenen Heizkostenumlage führte zum Einbau einer verkleinerten Sammelheizung, zur Wohnungs- oder Etagenheizung, auch Stockwerksheizung genannt. Der Vorteil dieser Anlage liegt vor allem darin, daß die Frage des Heizbetriebes für jede einzelne Wohnung einwandfrei geklärt ist und sich nicht durch gemeinsame Wärmeversorgung Quellen stetiger Streitigkeiten ergeben. Der Wohnungsbenützer hat es in der Hand, Bedarf und Deckung im Haushalte selbst zu regeln. Der Heizkessel wird im Flur, im Bad oder, wie meistens der Fall, in der Küche neben dem Gasherd aufgestellt und dient gleichzeitig zur Erwärmung des jeweiligen Standortraumes. Eine Aufstellung des Kessels in der Küche bietet den Vorteil der leichteren Bedienung und Überwachung und gestattet, je nach Ausführung, die Abdeckplatte zur Warmhaltung von Speisen zu benützen. In manchen Fällen verzichtete man auf diese nicht unwesentlichen Vorteile und brachte den Kessel im Kellergeschoß unter, wodurch nutzbare Wohnfläche gewonnen und das Tragen von Brennmaterial und Asche vermieden wird, anderseits aber große Wärmeverluste durch die Rohrleitungen neben unvermeidlichen Bedienungswegen in Kauf genommen werden mußten. Besonders die neueren Heizkesselmodelle gestatten durch ihren geringen Inhalt einen schnellen Umlauf des Wassers und dadurch ein schnelles Hochheizen ohne den sonst notwendigen großen Aufwand an Brennstoffen. Den großen Vorteilen einer Warmwasseretagenheizung stehen die hohen Brennstoffpreise, die oft auftretenden Schwierigkeiten in der Bedienung und das Verunzieren der Wohnung durch große Rohrleitungen nachteilig gegenüber. Bei großer Kälte ist auch die Gefahr des Einfrierens stillgelegter und nicht entleerter Heizkörper und Rohrleitungen gegeben, mit unangenehmen Störungen und kostspieligen Ausbesserungsarbeiten im Gefolge. Für die in Siedlungen meistens erstellten Zwei- und Dreizimmerwohnungen erfordert diese Heizung sehr hohe Anlagekosten, die durch nur zeitweiliges Beheizen aller Räume nicht voll ausgenützt werden. Trotz Unabhängigkeit im Betrieb und Anpassungsfähigkeit an Bedürfnisse und Witterungsverhältnisse konnte bei Warmwasserwohnungsheizungen aus Kleinkesseln noch ein verhältnismäßig hoher Verbrauch an Brennstoffen und Gas festgestellt werden. Entgegen den vielen Beschwerden über zu hohe Lasten bei Sammelhaus- und Sammelblockheizungen kam hier bei fast allen Mietern volle Zufriedenheit zum Ausdruck.

Die Vereinigung des Heizkessels mit dem Küchenherd schien anfangs in dieser Verbindung recht zweckdienlich. Es hat sich jedoch bald gezeigt, daß für Siedlungsverhältnisse die Erwartungen weitaus nicht erfüllt wurden. Der Gedanke der gleichzeitigen Ausnützung der Küchenherdwärme für die Zimmerheizung scheiterte aus Gründen der Wirtschaftlichkeit, da der größte Wärmebedarf für die Wohnräume am Morgen nicht zusammenfällt mit der größten Wärmeerzeugung im Herd um Mittag. Er scheiterte auch an der Tatsache, daß der Heizbetrieb vom Küchenherd aus immer eine gewisse Höhe des Kochbetriebes voraussetzt, daß der Wärmebedarf für Raumheizung und Kochzwecke nach Menge und Zeit verschieden ist. Diese Heizeinrichtungen haben, soviel man sich von ihnen versprochen hat, wenig Anklang gefunden und sind, soweit sie in den untersuchten Siedlungen vorgefunden wurden, zahlenmäßig gering.

Weitaus besser hat sich die Kachelofenmehrzimmerheizung eingeführt und in besonderem Maße als Zweizimmerheizung Anwendung gefunden. Soweit in der Benützung der Zimmer nicht entgegen der Planung gehandelt wurde, haben sich diese Öfen mit zwangsläufiger Luftführung bewährt und ihre Eignung für Siedlungszwecke erbracht. Vorbedingung für eine zweckdienliche Durchführung des Heizbetriebes muß natürlich sein, daß der Ofen im größeren, als Wohnzimmer gedachten Raum aufgestellt und das angrenzende Zimmer mit Warmluft versorgt wird, da sonst die Anwendung dieser Ofenart hinfällig ist. Aus diesem Grunde wäre es am besten, wenn möglich bei der Planung gleiche Größenverhältnisse der zu beheizenden Zimmer zu schaffen, um einer unzweckmäßigen Benützung vorzugreifen.

### 3. Einzelzimmerheizung.

Die Einzelbeheizung von Siedlungswohnungen bietet vor allem den Vorteil größter Anpassungsfähigkeit an soziale und wirtschaftliche Verhältnisse, ein Vorteil, der bei den vorwiegenden Klein- und Kleinstwohnungen der Siedlungsbauten und den in Frage kommenden Mieterkreisen in besonderem Maße zur Geltung kommt. In fast allen Siedlungswohnungen mit Einzelzimmerheizung dient die Küche zugleich als Wohnküche. Der geringe Arbeitsverdienst zwingt, den Herd als dauernde Wärmequelle der Wohnung zu benützen. Trotz starker Beschränkung der Bewegungsfreiheit und gewiß nicht unberechtigter hygienischer Bedenken ist die Küche dem minderbemittelten Mieter unentbehrlicher Aufenthaltsraum geworden. Zweifellos ist dabei von ausschlaggebender Bedeutung die Heizfrage. Es werden Heizkosten für mehrere Öfen, für Tage und Stunden gespart. Da nur ein Teil der im Küchenherd erzeugten Wärme für den Kochzweck allein ausgenützt wird, bleibt erzeugte Wärme über den Kochbedarf hinaus überschüssig. Diese überschüssige, im Herd gespeicherte Wärmemenge wird in Winter- und Übergangsmonaten für die Küchenraumheizung nutzbar gemacht.

In den letzten Jahren hat man aus hygienischen Gründen angestrebt, eine Benützung der Küche als Wohnraum durch Raumbeschränkung derselben hintanzuhalten, d. h. die Küche nur ihrem eigentlichen Zwecke nutzbar zu machen und das Abspielen des engeren Familienlebens an einen eigenen Wohnraum zu binden. So berechtigt diese Forderung auch ist, an ihrer Durchführung müssen Bedenken wirtschaftlicher Natur und Gründe der persönlichen Eigenarten und Gepflogenheiten der Siedlungsbewohner geltend gemacht werden. Noch vordringlicher erscheint die Forderung, sich diesen Lebensgewohnheiten bei der Planung anzupassen und die Küche durch Raumvergrößerung so zu gestalten, daß auch den hygienischen Anforderungen nach Möglichkeit Rechnung getragen wird. Versuche in dieser Richtung haben bei Nürnberger Siedlungen eine günstige Lösung gefunden, indem man den eigentlichen Kochraum in Form einer Kochnische durch Glaswände vom Aufenthaltsraum abtrennte. Diese Anordnung schafft in der Küche gute hygienische Verhältnisse und ermöglicht neben ständiger Beaufsichtigung der Kinder rasche Fühlungnahme mit den Familienmitgliedern. Nach Beendigung des Kochvorganges und Abzug der Kochdünste kann die im Herd gespeicherte Wärme noch zum Heizen des eigentlichen Küchenraumes ausgenützt werden.

In Siedlungswohnungen wird nur bei Vorliegen besonderer Umstände, wie Krankheit eines Familienmitgliedes, Besuch oder festlichen Anlässen, ein Zimmer beheizt. Das Interesse am Sparen bringt eine Beschränkung der Raumheizung mit sich, entgegen der Einstellung der Mieter bei Sammelheizungen, wo eine pauschale Heizkostenumlage dem Mieter die Möglichkeit nimmt, durch Einschränkung im Heizbedarf eine Minderung der Kosten zu bewirken. Nur der Herd in der Küche ist die wirklich dauernd benützte Wärmequelle der Wohnung. In der Anpassungsfähigkeit der Einzelzimmerheizung an die Außentemperatur liegt der Vorteil, in Winter- und ganz besonders in den Übergangsmonaten durch Beschränkung der zu beheizenden Räume große Ersparnisse zu erzielen. Es liegt im Ermessen des Wohnungsbenützers, die Räume je nach Bedarf zu heizen, während ihm eine zentrale Heizanlage regelmäßige Heizkostenumlagen aufbürdet, gleichgültig, ob die zur Verfügung stehende Wärme ausgenützt wird und werden kann, oder ob überhaupt die Notwendigkeit besteht, mehrere Räume gleichzeitig beheizen zu müssen.

Zur Einzelzimmerheizung muß auch Gas- und Stromheizung gerechnet werden, wobei vor allem elektrisches Heizen und Kochen durch Bequemlichkeit, Sauberkeit des Betriebes und Einfachheit der Bedienung neben steter Gebrauchsbereitschaft als vollkommenste und vorbildlichste Beheizungsart zu bezeichnen ist. Einer verbreiterten Anwendung von Gas und Strom allein zur Wärmebedarfsdeckung im Haushalt sind durch die immer noch zu hohen Gas- und Strompreise Grenzen gesetzt, ganz abgesehen von den außergewöhnlich hohen Anlagekosten des Kabel- und Rohrnetzes, das eine vollkommene Umgestaltung und größere Dimensionierung bei Beheizung ganzer Stadtteile erfordern würde. Die Lösung und Durchführung dieser Probleme wird der Technik der Zukunft überlassen und der lebenden Generation noch vorenthalten bleiben. Durch Gewährung niederer Sonderpreise für Gas oder Strom zur Raumheizung würden in den Wintermonaten ganz plötzlich übermäßig hohe Belastungsspitzen auftreten, denen die Werke, Erzeugungsanlagen und Behälterräume angepaßt werden müssen. Dem beträchtlichen Kapitalaufwand für Erweiterung der Anlagen zur Bedarfsdeckung in den winterlichen Heizzeiten steht dann eine Unwirtschaftlichkeit in den Sommermonaten gegenüber. Besonders bei Strom wird man auf große Schwierigkeiten stoßen, für den Ausfall andere Abnehmer zu gewinnen. Maßgebend für die Tarifgestaltung sind in erster Linie die Anlagekosten für Werke und Verteilungsnetze, die ohne Verzinsung und laufende Betriebskosten bei Gas für 1 m³ Tagesleistung mit RM. 100,— und bei Strom für 1 kW mit RM. 1250,— angegeben werden[1]). Ein besonderer Vorteil der Gaswerke liegt in deren Speicherfähigkeit, wodurch das erzeugte Gas auf die 24 Stunden des Tages gleichmäßig verteilt und Gasabgabespitzen aus dem gespeicherten Vorrat gedeckt werden können, gegenüber Kraftwerken, die in der Lage wären, die Spitzenleistung über den ganzen Tag verteilt zu leisten; die Arbeitsmöglichkeit kann bei diesen nur knapp zur Hälfte ausgenützt werden.

## Schlußwort.

Das Bestreben der an wirtschaftlichem Siedlungswohnen interessierten Kreise ist, Wohnungen mit tragbaren Mieten zu erstellen und die Nebenkosten der Wohnungshaltung in einer den sozialen Verhält-

[1]) Die Zahlen sind einem Aufsatz von Gaswerksdirektor Wenger entnommen und veröffentlicht worden im Archiv für Wärmewirtschaft und Dampfkesselwesen in Heft 6 vom Juni 1930.

nissen der Bewohner angepaßten Grenze zu halten. Die Schichtung der Siedlungsbevölkerung setzt sich heute nicht mehr aus einfachen, anspruchs- und bedürfnislosen Arbeiterfamilien zusammen, sondern auch weite Kreise des früher in guten Verhältnissen lebenden Mittelstandes haben Siedlungswohnungen als Heimstätten mit einfachster und sparsamster Haushaltführung wählen müssen. Durch zweckdienliche Erstellung von Heiz- und Kochanlagen mit geringer Betriebsunterhaltung werden dem Siedlungsbewohner wesentliche Einsparungsmöglichkeiten eröffnet, die einerseits im Mietzins für Amortisation und Zinstilgung des Anlagekapitals, andererseits in den mehr oder weniger hohen, immer wiederkehrenden Ausgaben für die Verbrauchsdeckung zum Ausdruck kommen. Mit der Einführung von Sammel- und Wohnungsheizungen in Siedlungshaushaltungen erwartete man gehobene Lebensfreude, verbesserte hygienische Verhältnisse und Arbeitsersparnis. Werden aber die Lebenshaltungskosten der Wohnungsbenützer durch die Heizeinrichtungen erhöht, dann kann auch die höchste Bequemlichkeit mit allen technischen Errungenschaften nichts nützen. Die bisherigen Erfahrungen zeigen, daß die hiefür erforderlichen Mehrausgaben Einschränkungen erfordern und als Belastung empfunden werden. Die auf breitester Grundlage durchgeführten Untersuchungen haben ergeben, daß die Einzelzimmerheizung in Siedlungen wegen der geringsten Anlage- und Verbrauchskosten allen anderen angewandten Heizarten vorzuziehen ist. Die Einzelzimmerheizung ist allein in der Lage, den wirtschaftlichen Verhältnissen in Siedlungen heute und morgen Rechnung zu tragen. Alle anderen Heizsysteme, auch wenn diese Annehmlichkeiten und Vorteile bieten, sind für weite Kreise der Siedlungsbewohner wirtschaftlich schwer tragbar.

Zur besseren Vergleichsmöglichkeit sind in Tabelle 15 zahlenmäßig und in Tafel 11 zeichnerisch die Schlußergebnisse nach Verhältnissen dargestellt. Diese beiden Zusammenstellungen müssen als markantes Ergebnis der durchgeführten Untersuchungen betrachtet und gewertet werden. Es wäre verfehlt, sich an einzelne Zahlenwerte der vorausgegangenen Tabellen zu klammern, denn jede Statistik ist unbewußt noch mit Fehlerquellen mannigfacher Art behaftet. Das Hauptziel der Aufgabe war, den Versuch zu machen, Verhältniszahlen über die in Siedlungen angewandten Heiz- und Kocheinrichtungen herauszuschälen. Es wurden die geringsten Anlage- und Verbrauchskosten pro m² Wohnfläche der Einzelzimmerheizung mit „1" angenommen und zu den diesbezüglichen Werten der hauptsächlich vorkommenden Heizarten in ein Verhältnis gesetzt.

In diesen zahlenmäßigen und bildlichen Verhältnisdarstellungen ist das Schlußergebnis der Untersuchung festgelegt: Die Einzelzimmerbeheizung ist durch niedrigste Anlagekosten der Heiz- und Kocheinrichtung sowie durch geringste Verbrauchskosten

Tabelle 15.

| Wohnungstyp | | Einzel-zimmer-heizung | Warm-wasser-Etagen-heizung | Sammel-haus-heizung | Sammel-block-heizung |
|---|---|---|---|---|---|
| Küche und 2 Zimmer | Anlage | 1,000 | 2,102 | 2,116 | 1,609 |
| | Verbrauch | 1,000 | 1,364 | 1,576 | 1,327 |
| Küche und 3 Zimmer | Anlage | 1,000 | 1,848 | 2,007 | 1,833 |
| | Verbrauch | 1,000 | 1,370 | 1,543 | 1,383 |
| Küche und 4 Zimmer | Anlage | 1,000 | 1,936 | 1,765 | 1,514 |
| | Verbrauch | 1,000 | 1,220 | 1,401 | 1,390 |

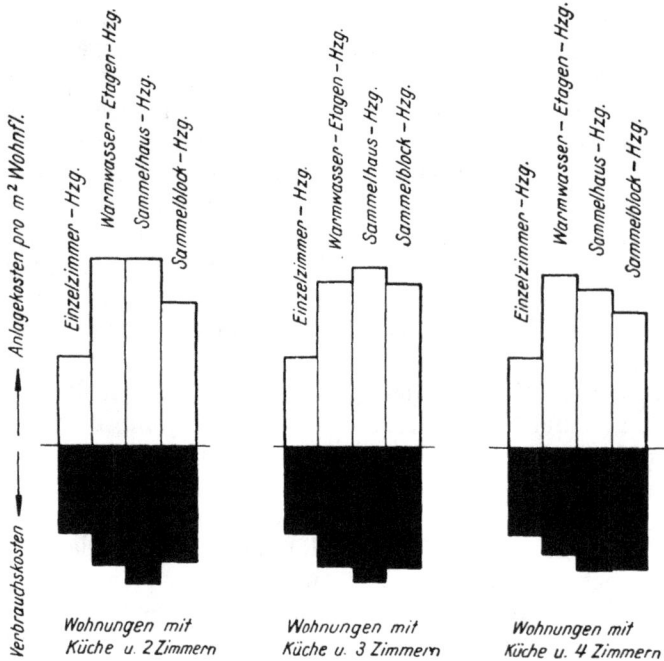

Tafel 11

für feste Brennstoffe und Gas die sparsamste und zweck-
mäßigste Beheizungsart für Siedlungswohnungen.

Die Einzelzimmerheizung selbst muß nun in ihre möglichen Anwen-
dungsformen zergliedert und nach wirtschaftlichen und sozialen Gesichtspunkten betrachtet werden. Daß auch bei dieser Beheizungsart
noch die Möglichkeit der verschiedensten Kombinationen gegeben ist,
wie Anzahl der heizbar ausgestatteten Zimmer und Wahl der Ofenart,

## Zusammenstellung der Durchschnittswerte für Wohnungen mit Einzelzimmerheizungen.

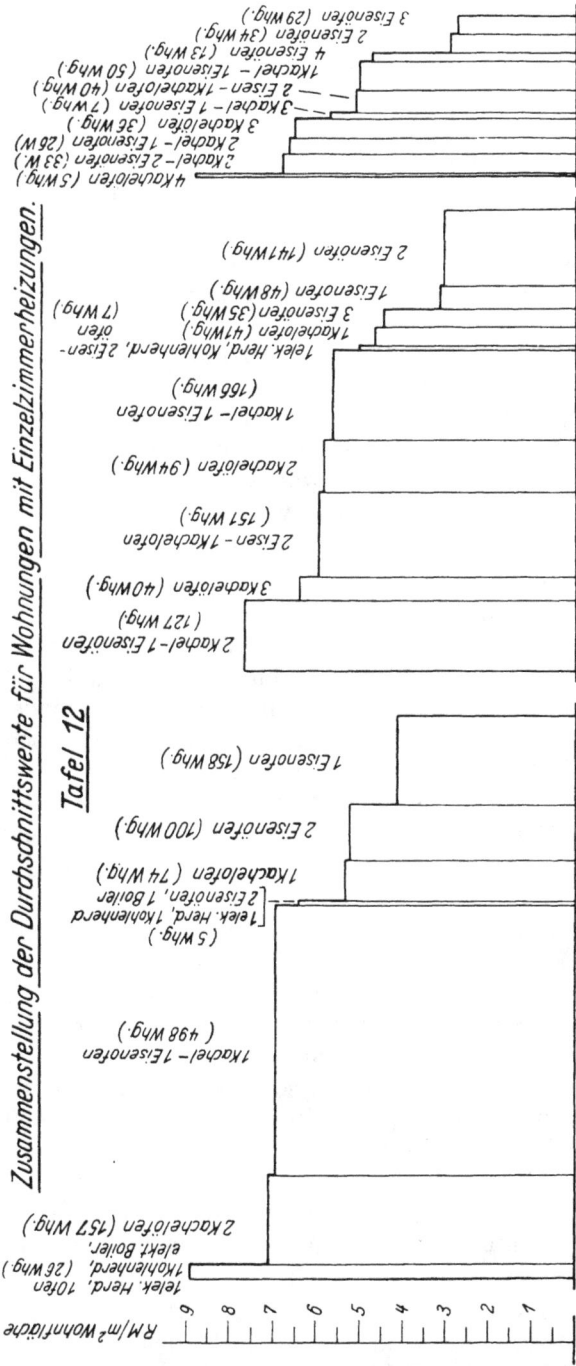

### Tafel 12

**Wohnungen mit Küche und 4 Zimmern**

3 Eisenöfen (29 Whg.)
2 Eisenöfen (34 Whg.)
4 Eisenöfen (13 Whg.)
1 Kachel – 1 Eisenöfen (50 Whg.)
3 Kachel – 1 Eisen – 1 Kachelofen (40 Whg.)
2 Kachel – 1 Eisenöfen (7 Whg.)
3 Kachelöfen (36 Whg.)
2 Kachel – 1 Eisenöfen (26 W.)
2 Kachel – 2 Eisenöfen (33 W.)
4 Kachelöfen (5 Whg.)

**Wohnungen mit Küche und 3 Zimmern**

2 Eisenöfen (141 Whg.)
1 Eisenöfen (48 Whg.)
3 Eisenöfen (35 Whg.)
1 Kachelofen (41 Whg.)
1 elek. Herd, Kohlenherd, 2 Eisenöfen (7 Whg.)
1 Kachel – 1 Eisenofen (166 Whg.)
2 Kachelöfen (94 Whg.)
2 Eisen – 1 Kachelofen (151 Whg.)
3 Kachelöfen (40 Whg.)
2 Kachel – 1 Eisenöfen (127 Whg.)

**Wohnungen mit Küche und 2 Zimmern**

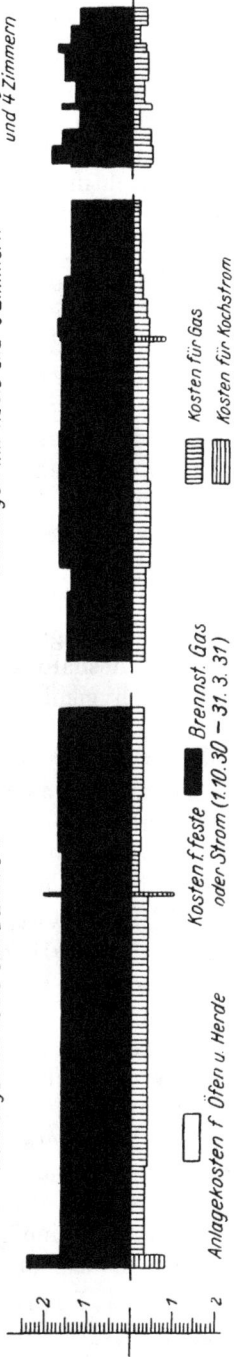

1 Eisenofen (158 Whg.)
2 Eisenöfen (100 Whg.)
1 Kachelofen (74 Whg.)
1 elek. Herd, 1 Kohlenherd, 2 Eisenöfen, 1 Boiler (5 Whg.)
1 Kachel – 1 Eisenofen (498 Whg.)
2 Kachelöfen (157 Whg.)
1 Kohlenherd, elekt. Boiler (26 Whg.)
1 elek. Herd, 1 Ofen (26 Whg.)

RM/m² Wohnfläche
9 8 7 6 5 4 3 2 1

2 1 1 2

**Kosten f. feste Brennst. Gas oder Strom (1.10.30 – 31.3.31)**

Kosten für Gas
Kosten für Kochstrom

**Anlagekosten f Öfen u Herde**
Anlagekosten f Öfen u Herde

ist aus Tabelle 10 und 11 zu ersehen und in Tafel 12 nach Wohnungs-arten, heizbaren Zimmern, Anlage- und Verbrauchskosten sowie Ofen-arten zusammengestellt.

Mit der eigentlichen Aufgabe der Untersuchungen ist noch die Ver-pflichtung verbunden, die Untersuchungsergebnisse und gesammelten Erfahrungen in Richtlinien für die zukünftige Gestaltung der Heiz- und Kocheinrichtungen zusammenzufassen, die in nachfolgenden 4 Punkten festgelegt sind:

1. Der Siedlungswohnungstyp ist die Zwei- und Drei-zimmerwohnung mit der durchschnittlichen Größe von 60 bzw. 72 m² einschließlich der Nebenräume. Eine Zusammen-stellung sämtlicher erfaßter Wohnungen mit Einzelzimmerheizung nach Wohnungsarten erbrachte den Nachweis, daß nur die Zwei- und Drei-zimmerwohnung für Siedlungen in Frage kommt und Vierzimmerwoh-nungen den finanziellen und sozialen Verhältnissen der Mieter entspre-chend wenig gebaut und auch gewünscht wurden. Rund 56% aller einzelbeheizten Wohnungen sind Zweizimmerwohnungen, 36% Drei-zimmerwohnungen und nur 8% Vierzimmerwohnungen.

2. Die Küche ist bei der Grundrißlegung des Siedlungs-hauses als Wohnküche zu planen. Bei den Zwei- und Drei-zimmerwohnungen wird die Küche durchwegs als Wohnküche benützt; diese ist deshalb geräumig und evtl. mit Kochnische auszugestalten, um den hygienischen Verhältnissen und der nicht zu vermeidenden Benützungsart Rechnung zu tragen. Zur Deckung des Heiz- und Koch-bedarfes ist ein kombinierter Herd für feste Brennstoffe und Gas mit eingebautem Wasserschiff und Bratrohr vorzusehen. Im kombinierten Herd kann die erzeugte Wärme zu Kochzwecken, Küchenraumheizung und Warmwasserbereiten neben ständiger Bereitschaft des Gasteiles voll ausgenützt werden.

3. Bei Zweizimmerwohnungen sind beide Zimmer mit Heizungsmöglichkeiten auszustatten, und zwar mit einem Kachel-ofen moderner Bauart und einem Eisenofen mittlerer Qualität. Vor-bedingung ist, die beiden Zimmer möglichst gleich groß zu machen, um eine der Planung entgegengesetzte Wohnungsbenützung zu ver-meiden. Gedacht ist der Kachelofen für das sog. bessere Zimmer und der Eisenofen für das Schlafzimmer. Der Eisenofen bringt im Schlaf-zimmer besonders seine Vorzüge, geringe Platzbeanspruchung, rasches Anheizen und rasche fühlbare Wärmeabgabe zur Geltung. Der Kachel-ofen kommt im Wohnzimmer durch sein behagliches dekoratives Äußere sowie durch seine große Wärmespeicherfähigkeit und lang anhaltende milde Wärmeabgabe zweckdienlich zur Wirkung.

4. Bei Dreizimmerwohnungen sind ebenfalls zwei Zim-mer heizbar vorzusehen und zwar ein Kachel- und ein Eisen-

ofen in derselben Aufstellung wie bei Zweizimmerwohnungen. Die beiden heizbaren Zimmer sind gleich groß und das nicht heizbare Zimmer aus Wärmeströmungsgründen in Angrenzung an die Wohnküche zu planen.

Soweit Vierzimmerwohnungen in Siedlungen geplant sind, bestehen drei Möglichkeiten für eine wirtschaftliche Beheizung der Zimmer.

a) Zwei Eisenöfen für die Schlafzimmer, ein Kachelofen für das Wohnzimmer, das nicht heizbare Zimmer neben der Küche oder zwischen den heizbaren Zimmern gelegen.

b) Ein Eisenofen und ein Kachelofen mit zwangsläufiger Luftführung. Der Kachelofen ist im Wohnzimmer aufgestellt, das angrenzende Schlafzimmer wird mittels verstellbarer Gitteröffnungen je nach Bedarf mit Warmluft erwärmt. Das unbeheizte Zimmer soll neben der Küche oder in Angrenzung des meist bewohnten Zimmers gelegt werden.

c) Ein Eisenofen für das Schlafzimmer, ein Kachelofen für das Wohnzimmer, ein Kachelgestellofen für ein weiteres zu Vermietungszwecken gedachtes Zimmer.

Diese Festlegungen der Heizausstattung für Siedlungswohnungen ergeben sich aus umfangreichem Zahlenmaterial, Zuschriften und Erfahrungen. Sie müssen als wirtschaftlich günstigste Anordnung der Heiz- und Kocheinrichtung unter besonderer Berücksichtigung der sozialen Verhältnisse und der Anlage- und Verbrauchskosten auf dem Gebiete der Siedlungsbeheizung richtunggebend sein. Die Frage heißt heute nicht Eisenofen oder Kachelofen oder Zentralheizung oder Gas oder Strom; maßgebend ist heute ausschließlich die Wirtschaftlichkeit. Der Grundgedanke, die Betriebskosten der Heiz- und Kochanlagen auf ein Mindestmaß zu bringen, war bei allen Heizungssystemen leitend, der notgedrungen aus der Konkurrenz erwuchs. Sparsamkeit steht heute im Vordergrund, so daß eben auf Annehmlichkeiten und Bequemlichkeiten verzichtet werden muß. Der Aufwand für Verzinsung und Tilgung der Baukosten ist der weitaus größte Posten bei den allgemeinen Unkosten einer Heizanlage, der Aufwand für Heizen und Kochen eine immer wiederkehrende, mehr oder minder hohe Belastung der Haushaltrechnung.

Um die Wärmekosten im Siedlungshaushalt tragbar zu gestalten, muß die Loslösung von der Heizungsgemeinschaftsanlage gefordert werden. Dem Siedlungsbewohner muß die Möglichkeit gegeben sein, seinen Heizbedarf individuell regeln zu können. In der Einzelzimmerheizung liegt die Lösung dieses Problems.